NOUVEAU TRAITÉ

DE

GÉOMÉTRIE PRATIQUE

ET ÉLÉMENTAIRE

Propriété de l'Auteur.

NOUVEAU TRAITÉ

DE

GÉOMÉTRIE PRATIQUE

ET ÉLÉMENTAIRE

APPLIQUÉ

AUX DÉFINITIONS ET ÉVALUATIONS DES SURFACES ET VOLUMES DES SOLIDES

Accompagné de 8 planches lithographiées contenant 257 figures

PAR

E. VALADE

CONDUCTEUR DE TRAVAUX PUBLICS A BORDEAUX

SYSTÈME DÉPOSÉ

SE TROUVE

A BORDEAUX, CHEZ L'AUTEUR

Rue Cruchinet, n° 9

1878

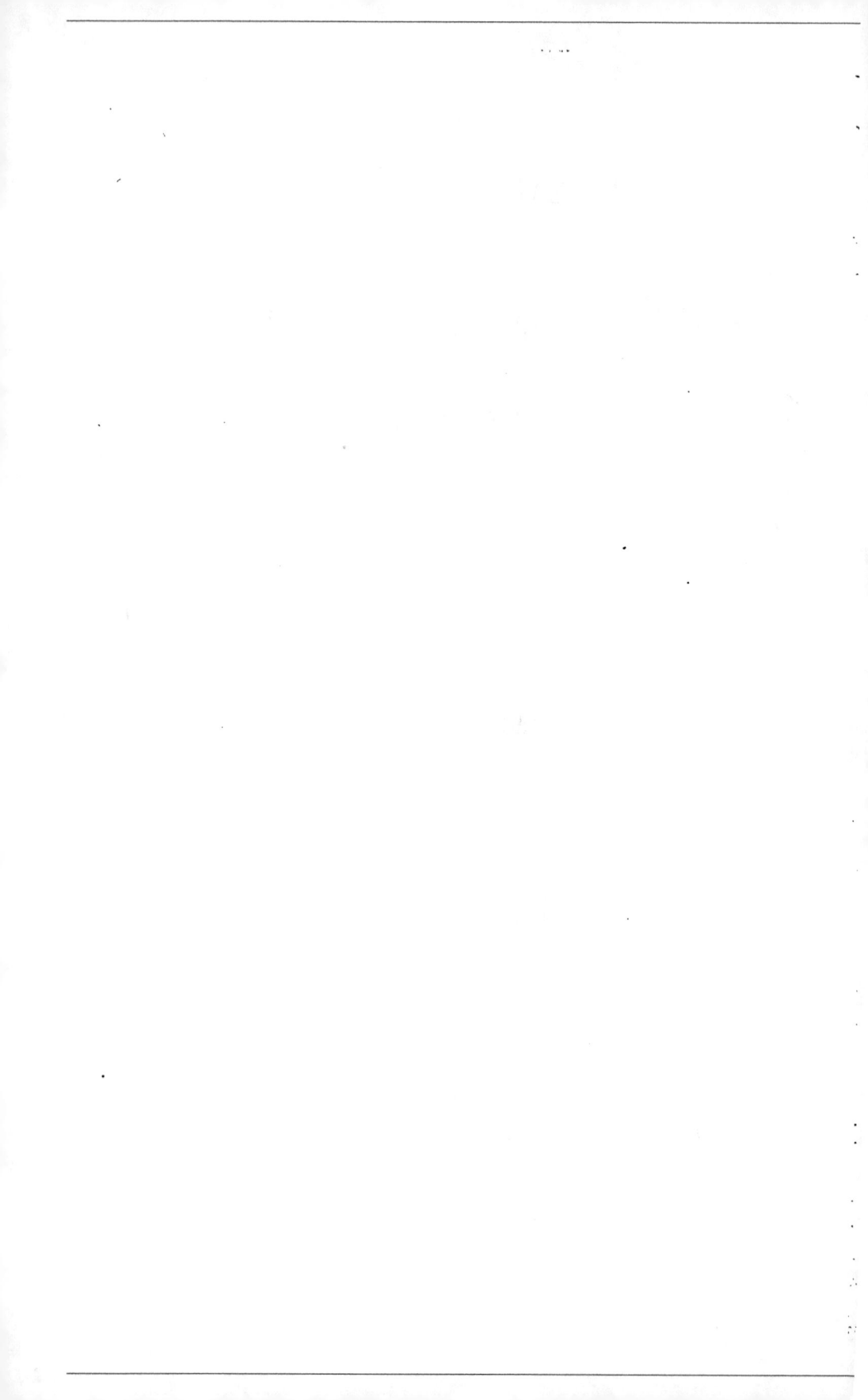

Cet ouvrage, le seul dans son genre publié jusqu'à ce jour, est destiné à l'enseignement primaire, aux cours des classes d'adultes, et principalement aux ouvriers des corps de bâtisse.

Il comprend deux parties : la première traite des principaux éléments de géométrie, des définitions, constructions, évaluations, etc.; la deuxième comprend l'évaluation des surfaces et volumes des corps et solides, la manière de tracer les solides en dessins et de les construire en nature.

Cet ouvrage est accompagné de huit planches lithographiées contenant 257 figures diverses, où sont indiquées toutes les lignes et sections nécessaires au mesurage et à la construction des solides; le tout correspondant avec le texte et les modèles en nature confectionnés par l'auteur et qui ont servi de base à l'ensemble de ce Traité.

Ce travail, qui est à la portée des plus faibles intelligences, est pratique dans la force du mot, car l'auteur n'a exposé la théorie qu'après avoir construit en bois les figures qui devaient servir de base aux explications à donner au lecteur.

Trente années de direction et d'expérience dans les travaux du bâtiment ont mis l'auteur à même de traiter sérieusement la question dont il s'occupe; aussi croyons-nous pouvoir dire qu'avec ce nouveau livre, on peut se passer de professeur.

Ce nouveau *Traité de géométrie* donne aux ouvriers aussi bien qu'aux chefs d'atelier le moyen de se rendre compte par eux-mêmes des toisés des travaux qu'ils exécutent, sans avoir recours aux écrivains publics ou aux spécialistes, et d'éviter ainsi des frais et souvent même des erreurs regrettables.

NOUVEAU TRAITÉ

GÉOMÉTRIE PRATIQUE

ET ÉLÉMENTAIRE

PREMIÈRE PARTIE

ÉLÉMENTS PRINCIPAUX DE GÉOMÉTRIE.

——◦——

CHAPITRE PREMIER.

DÉFINITIONS.

1. La base fondamentale de la géométrie repose principalement sur la ligne droite et la circonférence du cercle.

2. La **ligne droite** est le plus court chemin d'un point à un autre ; tous les points qui la composent sont dans la même direction : telle est ab (planche 1, figure 1).

3. La **circonférence** est une ligne circulaire (fig. 2) dont tous les points sont également éloignés d'un point intérieur m qu'on appelle **centre**.

4. Le **cercle** (fig. 2) est la superficie renfermée par la circonférence ; par extension on donne quelquefois le nom de *cercle* à la circonférence même.

5. On appelle **circonférences concentriques** (fig. 3) plusieurs circonférences qui ont le même centre.

6. On appelle **circonférences excentriques** (fig. 4) plusieurs circonférences qui n'ont pas le même centre.

7. On appelle **circonférences tangentes** (fig. 5) des circonférences qui n'ont qu'un seul point de commun *a*, qu'on nomme *point de tangence* ou *de contact*.

8. Un **arc de cercle** (fig. 6) est une portion de la circonférence considérée séparément.

9. La circonférence se divise en 360 parties qu'on appelle **degrés**; le degré en 60 **minutes**, la minute en 60 **secondes**, etc.

10. La division du cercle est la base du calcul géométrique ; elle sert particulièrement à mesurer les angles et à déterminer leur valeur.

11. Les principales lignes considérées à l'égard du cercle sont : le rayon, le diamètre, la corde, la flèche, la sécante et la tangente.

12. Le **rayon** (fig. 7) est la droite *o c* menée du centre à la circonférence.

13. Le **diamètre** (fig. 7) est la droite *a b* qui, passant par le centre, se termine de part et d'autre à la circonférence. Le diamètre divise le cercle et la circonférence en deux parties égales.

14. La **corde** (fig. 7) est la droite *dc* qui joint les deux extrémités de l'arc.

15. La **flèche** (fig. 7) est la droite *ef* qui joint le milieu de l'arc au milieu de la corde qui le sous-tend.

16. La **sécante** (fig. 7) est la droite *g h* qui coupe la circonférence et se prolonge au-delà du cercle.

17. La **tangente** (fig. 7) est la droite *ij* qui n'a qu'un point de commun avec la circonférence.

DÉFINITION DES LIGNES DROITES.

18. On distingue quatre sortes de lignes droites par rapport à leur position : la perpendiculaire, l'oblique, la verticale et l'horizontale.

19. La **perpendiculaire** (fig. 8) est une ligne droite qui, tombant sur une autre, ne penche ni vers un côté ni vers l'autre de cette même ligne : soit *ed* à l'égard de *ab*.

20. La **ligne oblique** (fig. 9) est celle qui penche plus vers un côté d'une ligne droite que vers l'autre, soit *ab* à l'égard de *cd*.

21. La ligne **verticale** (fig. 10) est celle qui suit la direction d'un fil à plomb.

22. La ligne **horizontale** est celle qui suit le niveau de l'eau.

DES PERPENDICULAIRES.

23. Pour élever une perpendiculaire au milieu d'une droite donnée *ab* (fig. 11), il faut, des extrémités de la ligne et d'une ouverture de compas plus grande que sa moitié, décrire des arcs de même rayon qui se coupent en *d* et *c*; tirer la droite *ed*, qui sera la perpendiculaire demandée.

24. Pour élever une perpendiculaire en un point donné sur une ligne droite (fig. 12), il faut porter à droite et à gauche du point donné *c*, deux distances égales *ca*, *cb*, puis des points *a* et *b* décrire deux arcs de même rayon qui se coupent en *d*; la droite *dc* sera la perpendiculaire demandée.

25. Pour élever une perpendiculaire par un point donné hors d'une ligne droite (fig. 13), soit *e* le point donné : par ce point décrire deux arcs qui coupent la droite donnée aux points *a*, *b*; de ces points décrire deux autres arcs qui se coupent en *d*; la ligne *ef* sera la perpendiculaire demandée.

26. Pour élever une perpendiculaire à l'extrémité d'une droite donnée, si cette droite ne peut être prolongée (fig. 14), soit la ligne *ab*, de l'extrémité *b* de la droite donnée et avec un rayon arbitraire *ba*, décrire l'arc *ade*, porter le rayon *ab* de *a* en *d* et de *d* en *e*; des points *d, e*, avec le même rayon, décrire deux arcs qui se coupent en *f*; la droite *fb* sera la perpendiculaire demandée.

27. Pour élever la même perpendiculaire si l'arc ne peut être décrit en entier (fig. 15), prendre un rayon arbitraire *bc*, de l'extrémité *b* décrire l'arc cd ; du point c et avec le même rayon, décrire l'arc db, et du point d, toujours avec le même rayon, décrire un arc en e ; joindre les points c et d par la droite cd, que l'on prolonge jusqu'à la rencontre de l'arc e, et mener la ligne : cette ligne be sera la perpendiculaire demandée.

28. Pour tracer une ligne horizontale ou de niveau à l'aide du fil à plomb, sur la surface en élévation d'un mur ou cloison, soient les quatre murs développés (fig. 16) : on tire une ligne ab suivant la direction du fil à plomb ; du point c où l'on veut faire passer la ligne de niveau, couper la ligne ab par des arcs aux points d, e ; de ces points élever une perpendiculaire fg : elle sera la ligne de niveau demandée. Si l'on veut continuer le niveau autour des murs, tracer une ligne aplomb comme la précédente vers le milieu du mur, de l'extrémité f couper la ligne aplomb aux points h, i ; de ces deux points décrire deux arcs de cercle qui se coupent en j, joindre jf : la ligne sera le prolongement du niveau précédent. Pour cette opération on se servira de préférence d'un cordeau enduit de blanc ou de couleur, et d'une règle légère ayant une pointe fixée aux extrémités pour remplacer le compas ; une seule personne peut opérer.

DES PARALLÈLES.

29. On appelle lignes **parallèles** celles qui sont partout également éloignées d'une autre ligne de même espèce : telles sont cd, ef, à l'égard de ab (fig. 17) ; et gh, il, à l'égard de mn (fig. 18).

DES ANGLES.

30. Un **angle** (fig. 19) est l'ouverture plus ou moins grande de deux lignes qui se rencontrent en un point a appelé **sommet de l'angle**.

31. On appelle **côté d'un angle** chacune des deux lignes qui, par leur rencontre, forment cet angle : telles sont les lignes ab, ac (fig. 19).

32. La grandeur d'un angle dépend de son ouverture, et non de la longueur de ses côtés, qui sont toujours supposés indéfinis.

33. La **mesure d'un angle** est le nombre de degrés et parties de

degré de l'arc compris entre ses côtés et décrit de son sommet comme centre.

34. On appelle **angle droit** (fig. 20) l'angle qui a pour mesure 90 degrés ou le quart de la circonférence.

35. On appelle **angle aigu** (fig. 21) celui qui a moins de 90 degrés.

36. On appelle **angle obtus** (fig. 22) l'angle qui a plus de 90 degrés.

37. On appelle **bissectrice d'un angle**, ou simplement **bissectrice** (fig. 23), la droite ab, qui divise l'angle en deux parties égales. La bissectrice est le lieu géométrique de tous les points qui sont également éloignés des deux côtés d'un angle.

38. Le **rapporteur** (fig. 25) sert à déterminer la mesure des angles. Il se compose d'un demi-cercle en corne ou en cuivre dont la demi-circonférence, appelée **limbe**, est divisée en 180 degrés numérotés de 10 en 10 ou de 5 en 5. Le diamètre de ce demi-cercle se nomme **ligne de foi**.

39. On appelle **adjacents** (fig. 26) les deux angles qui sont formés du même côté d'une droite rencontrée par une autre. La somme de deux angles adjacents est égale à deux angles droits, ainsi les angles abc, bcf.

40. La somme de tous les angles que l'on peut former d'un même côté d'une droite, en leur donnant pour sommet commun un même point de cette droite, est égale à deux angles droits.

41. La somme de tous les angles formés par un nombre quelconque de droites partant d'un même point, est égale à quatre angles droits.

42. Deux angles opposés par le sommet sont égaux entre eux. soient les deux angles aoc, bod, fig. 27.

CHAPITRE II.

CONSTRUCTION DES FIGURES.

43. Pour diviser un angle en deux parties égales (fig. 23), du sommet a de l'angle, décrire un arc cd; des points c et d, décrire d'autres arcs qui se coupent en b; tirer ensuite la bissectrice ba, et l'angle sera divisé en deux parties égales.

44. Pour tracer sur une ligne, en un point donné, un angle égal à un autre; soit l'angle a (fig. 24), et soit à copier cet angle sur une droite pe en un point donné p; du sommet a, et d'une ouverture de compas arbitraire ac, décrire l'arc cd; avec la même ouverture de compas, à partir du point p, décrire l'arc ge, porter cd en eg; tirer la ligne pg, et on aura l'angle p égal à l'angle donné a.

45. Pour diviser une circonférence en deux, quatre, huit, seize, trente-deux, etc., parties égales (fig. 28), en menant un diamètre quelconque on divise la circonférence en deux parties égales; si l'on mène un second diamètre perpendiculairement au premier, la circonférence est alors divisée en quatre parties égales, et ainsi de suite.

46. Pour diviser une circonférence en trois, six, douze, vingt-quatre, quarante-huit, etc., parties égales (fig. 29), en portant sur la circonférence une ouverture de compas égale au rayon du cercle, on a le sixième; deux de ces parties prises ensemble donnent le tiers, et en partageant chacune des premières en deux, quatre, huit, on obtient le douzième, le vingt-quatrième, le quarante-huitième, etc.

47. Un **polygone** (fig. 30) est une surface plane terminée par des lignes droites.

48. Le côté de l'hexagone régulier (fig. 32) est égal au rayon du cercle.

49. La somme de tous les angles intérieurs d'un polygone quelconque est égale à autant de fois deux angles droits qu'il y a de côtés moins deux; car tout polygone peut être décomposé en autant de triangles qu'il y a de côtés moins deux; or les trois angles de tout triangle valent 180 degrés.

50. On obtient la valeur de l'angle d'un polygone régulier en divisant la somme de tous ses angles par le nombre de ses côtés; ceci est évident, puisque tous les angles d'un polygone régulier sont égaux et en même nombre que ses côtés.

51. On obtient la valeur de l'angle au centre d'un polygone régulier en divisant 360 degrés par le nombre des côtés du polygone; car tous les angles au centre d'un polygone régulier sont égaux; leur somme est quatre angles droits ou 360 degrés, et leur nombre est égal à celui des côtés; par exemple, l'angle au centre du pentagone régulier (fig. 30) égale 360 divisé par 5, soit 72 degrés.

52. Pour construire un polygone régulier, il suffit de tracer une circonférence et de la diviser en autant de parties égales que l'on veut avoir de côtés au polygone; telles sont les figures 30, 32, 33, représentant un pentagone, un hexagone et un heptagone.

53. Pour trouver le centre d'une circonférence (fig. 31), on prend trois points arbitraires sur cette circonférence, et de chacun de ces points on décrit des arcs de cercle qui se coupent en ab et cd; le point d'intersection o sera le centre de la circonférence. On opère de la même manière pour faire passer une circonférence par trois points donnés, e, f, g (fig. 31).

54. Pour trouver le centre d'un polygone régulier ayant un nombre pair de côtés (fig. 32), il faut joindre par une première droite les sommets de deux angles opposés, a, b, puis joindre par une seconde droite les sommets opposés c, d; l'intersection o sera le centre du polygone.

55. Pour trouver le centre d'un polygone régulier ayant un nombre impair de côtés (fig. 33), il faut joindre par une droite le sommet d'un angle avec le milieu du côté opposé, joindre pareillement le sommet d'un autre angle avec le milieu du côté opposé : l'intersection des deux droites sera le centre du polygone.

56. Pour construire un octogone régulier au moyen d'un carré (fig. 34), il faut construire d'abord un carré $abcd$, mener ensuite les diagonales ac, db; des points a, b, c, d, avec une demi-diagonale ao pour rayon, décrire les arcs kf, eh, jg, li, et mener les lignes le, fg, hi, jk: l'octogone sera ainsi formé.

57. Pour construire un heptagone régulier dont on connaît le côté (fig. 35), il faut décrire une circonférence avec un rayon quelconque od, la diviser en sept parties égales, joindre deux points de division b et o par une ligne indéfinie bi; mener par les points b et o les rayons db et do, dont l'un, db, est prolongé indéfiniment; porter la ligne donnée m de b en i, et de ce point i mener ik, parallèle à od: on aura kb pour rayon du cercle dans lequel l'heptagone régulier inscrit a pour côté la ligne donnée m.

58. Pour construire un carré qui soit double en superficie d'un carré donné (fig. 36), il suffit de construire un carré $efgh$ qui ait pour côté la diagonale du carré donné $abcd$.

59. Pour construire un carré qui soit la somme de deux carrés donnés c et b (fig. 37), il faut tracer la ligne ax perpendiculaire à ao; porter le côté du carré b de a en d, et le côté du carré c de a en b: joindre bd, qui sera le côté du carré égal à la somme des deux premiers; ce qui prouve qu'un carré élevé sur l'hypoténuse d'un triangle rectangle égale en surface les carrés qui seraient élevés sur les deux côtés de l'angle droit.

60. Pour construire un carré qui soit la moitié d'un autre (fig. 38), soit le carré donné $abcd$, il suffit de construire le triangle dfc égal à dec; le carré $decf$ sera la moitié du carré $abcd$.

61. Pour faire un triangle équivalent en surface à un polygone régulier (fig. 39), soit l'hexagone régulier $abcdef$, il faut prolonger le côté ab, porter sur ay six fois ab et joindre les points o et y: le triangle aog est équivalent au polygone donné, car ils se composent l'un et l'autre de six triangles équivalents.

62. Pour tracer une ellipse ordinaire (fig. 40), il faut partager le grand axe donné ab en trois parties égales ah, hh, hb: sur hh, et avec la même ouverture de compas, construire deux triangles équilatéraux kfh, kdh, dont on prolonge les côtés; des points k et h décrire les arcs lac et iby, et des points f et d les arcs ly, ci.

63. Pour tracer l'ellipse du jardinier (fig. 41), il faut croiser perpendiculairement et par le milieu les deux axes ab, dg; de l'extrémité d du petit axe et avec une ouverture de compas égale à la moitié ab du grand axe, couper le grand axe aux points e et f, qui seront les foyers de l'ellipse; prendre ensuite un fil ou cordeau dont la longueur égale le grand axe, en fixer les bouts aux foyers e, f; placer une pointe à tracer ou un crayon dans le pli m du cordeau, et décrire l'ellipse par un mouvement de rotation.

64. Pour tracer l'anse de panier (fig. 42), il faut élever perpendiculairement, sur le milieu de la base ab, la hauteur cd; joindre ad, bd; porter cd en cf, porter af en dh et do; sur le milieu de ah et de bo élever les perpendiculaires gr et ls, qui vont concourir en un même point e de la hauteur cd prolongée; des points g et l décrire les arcs ar, bs, et du point e, l'arc rds : on aura l'anse de panier.

65. Pour tracer dans un losange une ellipse qui soit tangente à ses côtés, soit le losange $acbd$ (fig. 43), il faut mener les diagonales ab, cd; sur le milieu des côtés élever les perpendiculaires hk, gk, el, fl; des points i et j décrire les arcs hf, eg, et des points k et l, les arcs hg, fe, et on aura l'ellipse demandée.

66. Pour tracer un ove (fig. 44), il faut, sur la droite donnée ab comme diamètre, décrire une demi-circonférence aeb; élever sur le milieu une perpendiculaire indéfinie ed, porter ca en cd; par le point d mener les droites ag, bf; des points a et b comme centres, décrire les arcs bg, af, et du point d décrire l'arc fg : on aura l'ove demandé.

67. Pour tracer une spirale à l'aide d'un carré (fig. 45), il faut mener les quatre lignes ah, cb, de, fg, formant un carré à leur naissance; le point c est le centre de l'arc id; continuer ainsi en allant de droite à gauche, et prendre pour centre des arcs le sommet de l'angle correspondant.

CHAPITRE III.

DES SURFACES; DÉFINITIONS.

68. On appelle **surface** toute étendue qui a longueur et largeur sans hauteur ou épaisseur.

69. On appelle **polygone** une surface plane renfermée par des lignes droites; par exemple planche 1 *bis*, fig. 1. On y distingue :

ab, bc. . . . . . . côtés du polygone.

abc, bcd. . . . . angles du polygone.

e, b, c . . . . . . sommets du polygone.

$abcde$. . . . . . périmètre du polygone.

ad, bd . . . . . . diagonales du polygone.

70. On appelle **côtés d'un polygone** les diverses lignes qui limitent ce polygone.

71. Les **angles d'un polygone** sont les angles que forment les côtés de ce polygone en se joignant deux à deux.

72. Les **sommets d'un polygone** sont les sommets de ses angles.

73. Le **périmètre** ou **contour d'un polygone** est la ligne formée par l'ensemble de ses côtés.

74. On appelle **diagonale** toute droite joignant des sommets non adjacents, ainsi ad, bd', planche 1 *bis*, fig. 1.

75. Un **polygone équilatéral** (planche 1 *bis*, fig. 14) est un polygone qui a tous ses côtés égaux; il est également **équiangle** ayant ses angles égaux.

76. On distingue ordinairement un polygone en énonçant le nombre de ses côtés.

77. Les polygones qui ont un nom particulier sont : le **triangle** ou **trilatère**, qui a trois côtés; le **quadrilatère**. qui en a quatre; le pentagone, qui en a cinq; l'hexagone, qui en a six; l'heptagone, qui en a sept; l'octogone, qui en a huit; l'ennéagone, qui en a neuf; le décagone, qui en a dix; l'ondécagone, qui en a onze; le dodécagone, qui en a douze; le pentédécagone, qui en a quinze; l'icosigone, qui en a vingt.

DES TRIANGLES.

78. Un triangle (pl. 1 *bis*, fig. 2, 3, 4, 5, 6, 7) est un espace renfermé entre trois lignes qui se joignent deux à deux.

79. On appelle **côté d'un triangle** chacune des droites qui limitent ce triangle.

80. On distingue trois sortes de triangles par rapport à leurs côtés : le triangle **équilatéral**, le triangle **isocèle** et le triangle **scalène.**

81. Le triangle **équilatéral** (fig. 2) est celui dont les trois côtés sont égaux; on l'appelle aussi **équiangle** parce que ses angles sont égaux.

82. Le triangle **isocèle** (fig. 3) est celui dont deux côtés seulement sont égaux.

83. Le triangle **scalène** (fig. 4) est celui dont les trois côtés sont inégaux.

84. On distingue trois sortes de triangles par rapport à leurs angles : le triangle **rectangle**, le triangle **acutangle** et le triangle **obtusangle.**

85. Le triangle **rectangle** (fig. 5) est le triangle qui a un angle droit formé par deux de ses côtés, tels que ac, ab.

86. Le triangle **acutangle** est celui dont tous les angles sont aigus, tels que a, b, c, fig. 6.

87. Le triangle **obtusangle** (fig. 7) est le triangle qui a un angle obtus, tel que celui formé par les côtés ab, bd.

88. On appelle **hypoténuse,** dans un triangle rectangle (fig. 5), le côté bc, opposé à l'angle droit.

2

89. La **hauteur d'un triangle** (fig. 6, 7) est la perpendiculaire *cd* ou *dc*, abaissée de l'un quelconque de ses angles sur le côté opposé, qu'on prolonge, comme il est indiqué de *b* en *c*, si cela est nécessaire.

90. La **base d'un triangle** est le côté sur lequel le triangle semble appuyé, ou celui sur lequel tombe perpendiculairement la hauteur.

DES QUADRILATÈRES.

91. On appelle **quadrilatères** les figures planes terminées par quatre lignes droites; telles sont les figures 8, 9, 10, 11, 12, 13. Les quadrilatères ayant un nom particulier sont : le **parallélogramme**, le **carré**, le **rectangle**, le **rhombe** ou **losange** et le **trapèze**.

92. Le **parallélogramme** (fig. 8) est un quadrilatère dont les côtés opposés sont égaux et parallèles.

93. Le **carré** (fig. 9) est un parallélogramme dont les angles sont droits et tous les côtés égaux entre eux.

94. Le **rectangle** (fig. 10) est un parallélogramme dont les angles sont droits, mais dont les quatre côtés ne sont pas égaux entre eux.

95. Le **rhombe** ou **losange** (fig. 11) est un parallélogramme dont les côtés sont égaux, mais dont les angles ne sont pas droits.

96. Le **trapèze** (fig. 12) est un quadrilatère dont deux côtés seulement sont parallèles : ces côtés se nomment les deux *bases du trapèze*.

97. Le **trapèze droit** ou **rectangle** (fig. 12) est un trapèze qui a un de ses côtés perpendiculaire aux deux bases.

98. Le **trapèze symétrique** (fig. 13) est un trapèze dont les côtés non parallèles sont égaux. Dans tout parallélogramme, ainsi que dans le trapèze, on distingue deux bases : la base inférieure et la base supérieure; la base inférieure est le côté sur lequel la figure semble posée; la base supérieure est le côté parallèle à la base inférieure.

99. La **hauteur** d'un parallélogramme quelconque ou d'un trapèze (fig. 12) est la perpendiculaire *dc* abaissée d'un point quelconque de la base supérieure sur la base inférieure, qu'on prolonge si cela est nécessaire.

DES POLYGONES RÉGULIERS.

100. Un **polygone régulier** (planche 1 *bis*, fig. 14) est un polygone qui a tous ses côtés et tous ses angles égaux.

o. . . . . . $\begin{cases} \text{centre du polygone } abcde. \\ \text{centre des cercles inscrit et circonscrit.} \end{cases}$

ob. . . . . $\begin{cases} \text{rayon du polygone.} \\ \text{rayon du cercle circonscrit.} \end{cases}$

of. . . . . $\begin{cases} \text{apothème du polygone.} \\ \text{rayon du cercle inscrit.} \end{cases}$

$\left.\begin{array}{l} aob. \text{ . . .} \\ boc \text{ . . . .} \end{array}\right\}$ angles au centre du polygone.

101. Un **polygone irrégulier** est un polygone qui n'a pas ses côtés et ses angles égaux.

DES FIGURES CURVILIGNES.

102. On appelle **figure curviligne** toute surface terminée par une ou plusieurs lignes courbes.

103. Le **cercle** (fig. 15) est la superficie renfermée par la circonférence; on considère dans le cercle trois parties : le **secteur**, le **segment** et la **couronne**.

104. Le **secteur** (fig. 15) est la partie de la surface du cercle comprise entre un arc et les deux rayons qui aboutissent à ses extrémités, soit $oabc$.

105. Le **segment** (fig. 15) est la partie de la surface du cercle comprise entre un arc et sa corde, soit men.

106. La **couronne** (fig. 16) est une partie de la surface du cercle comprise entre deux circonférences concentriques.

107. L'**ellipse** (fig. 17) est une courbe fermée telle que la somme des distances de chacun de ses points aux deux foyers est égale au grand axe de l'ellipse.

108. L'ove (fig. 18) est une courbe qui, par sa configuration, se rapproche de la forme d'un œuf.

---

109. Avant d'entreprendre l'évaluation des surfaces, il est indispensable de parler de l'échelle de proportion.

L'échelle de proportion sert à tracer un dessin ou une figure dont les diverses lignes sont dans un même rapport avec les lignes correspondantes de l'objet représenté; elle sert à juger, d'après un dessin, des dimensions réelles de l'objet.

On se sert, dans la pratique, pour l'échelle de proportion, du double décimètre, ou d'une règle métrique dont la longueur égale un demi-mètre ou 5 décimètres. L'échelle de proportion généralement usitée dans la construction du bâtiment est de 0 mèt. 04 cent. pour 1 mètre, dans les grandes surfaces, et de 0 mèt. 02 cent. pour 1 mètre dans les petites surfaces. On peut énoncer les chiffres décimaux ci-dessus en millimètres; on aura pour le premier cas 0 mèt. 010 millim. pour 1 mètre, et pour le second cas on aura 0 mèt. 020 millim. pour 1 mètre.

---

110. Pour abréger les démonstrations des surfaces planes, on se servira des signes et abréviations qui suivent :

= égale.	B base.
+ plus, *ou* additionner.	H hauteur.
— moins, *ou* soustraire.	C circonférence.
× multiplié par.	D diamètre.
: divisé par.	R rayon.
$\frac{»}{»}$ divisé par (autre cas).	M moyenne.

CHAPITRE IV.

ÉVALUATIONS DES SURFACES.

SURFACES PLANES.

111. On obtient la surface du rectangle (fig. 10) en multipliant sa base ab par sa hauteur ac; soit B = 2 mèt. 15 cent., H = 1 mèt. 45 cent., on aura : $2^m15 \times 1^m45 = 3^m1175$.

112. On obtient la surface du carré (fig. 9) en multipliant un côté par lui-même, $ab \times ab$; soit 2 mèt. 10 cent. de côté, on aura : $2^m10 \times 2^m10 = 4^m4100$.

113. On obtient la surface du parallélogramme (fig. 8) en multipliant sa base ab par sa hauteur cd; soit B = 1 mèt. 75 cent., H = 2 mèt. 10 cent., on aura : $1^m75 \times 2^m10 = 3^m6750$.

114. On obtient la surface du losange (fig. 11) en multipliant sa base ab par sa hauteur cd; soit B = 1 mèt. 75 cent., H = 1 mèt. 70 cent., on aura : $1^m75 \times 1^m70 = 2^m9750$.

On obtient encore sa surface en multipliant l'une de ses diagonales ae par la moitié de l'autre cb; soit $ae = 2$ mèt. 8333, la demi $cb = 1$ mèt. 0500, on aura : $2^m8333 \times 1^m0500 = $ par excès 2^m9750.

On obtient encore sa surface en prenant la moitié du produit de ses deux diagonales.

115. On obtient la surface des triangles (fig. 6, 7) en prenant la moitié du produit de la base ab par la hauteur cd; soit le triangle acutangle fig. 6; B = 2 mèt. 35 cent., H = 2 mèt. 10 cent.; on aura :

$$\frac{2^m35 \times 2^m10}{2} = 2^m4675.$$

Tous les triangles dont les bases et les hauteurs sont égales, ont la même superficie.

116. On obtient la surface du trapèze (fig. 12, 13) en multipliant la demi-somme des bases ab, dc, par la hauteur cd; soit la fig. 12 :

B ab = 2 mèt. 30 cent., B ed = 1 mèt. 80 cent., ll = 1 mèt. 70 cent., on aura :

$$\frac{2^m 30 + 1^m 80}{2} = 2^m 05 \times 1^m 70 = 3^m 4850.$$

On obtient encore la surface du trapèze (fig. 13) en multipliant sa hauteur cd par la droite fg qui joint le milieu des deux côtés du trapèze.

117. On obtient la surface d'un polygone régulier (fig. 14) en multipliant son périmètre $abcde$ par l'apothème of et prenant la moitié du produit; le côté du polygone égale 1 mèt. 35 cent., l'apothème égale 0 mèt. 95 cent., on aura : $\dfrac{1^m 35 \times 5 \times 0^m 95}{2} = 3^m 2062.$

Pour avoir la surface des polygones irréguliers, on les décompose en triangles, trapèzes, etc., que l'on évalue séparément, et dont on fait ensuite la somme.

SURFACES CIRCULAIRES.

118. La mesure de la surface d'un cercle s'obtient de trois manières différentes, suivant que l'on connaît : 1° la circonférence et le rayon ; 2° le rayon seul ; 3° la circonférence seule.

Les circonférences sont entre elles comme leurs rayons ou leurs diamètres.

119. On obtient la longueur de la circonférence (fig. 15) en multipliant son diamètre fg par le rapport généralement usité 3,1416 ; soit D = 2 mèt. 35 cent., on aura : $2^m 35 \times 3,1416 = 7^m 382760.$

120. On obtient la longueur du diamètre du cercle (fig. 15) en divisant sa circonférence par le rapport 3,1416 ; ainsi on aura :

$$C = 7^m 382760 : 3,1416 = 2^m 35.$$

121. On obtient la longueur d'un arc de cercle dont on connaît le nombre de degrés, en divisant la circonférence par le rapport entre le nombre des degrés de l'arc et 360 degrés, ce qui revient à multiplier la circonférence par le nombre de degrés de l'arc, et à diviser ce produit par 360; soit l'arc de cercle abc (fig. 15) ; le nombre de degrés de l'arc = 60, C = 7 mèt. 382760, on aura :

$$(7^m 382760 : (360 : 60) = 1^m 2304$$

$$\text{ou} \quad \frac{60 \times 7^m 382760}{360} = 1^m 2304.$$

122. On obtient la surface d'un cercle dont on connaît la circonférence et le rayon, en multipliant la circonférence par la moitié du rayon ; car le cercle peut être considéré comme un polygone régulier dont les côtés infiniment petits composent la circonférence, et dont l'apothème se confond avec le rayon ; soit la surface du cercle (fig. 15), C = 7 mèt. 382760, R = 1 mèt. 1750, on aura :

$$(7^m 382760) \times (1^m 1750 : 2) = 4^m 3373.$$

123. On obtient la surface d'un cercle dont on connaît le rayon, en multipliant le carré du rayon par le rapport 3,1416 ; soit la surface du cercle (fig. 15) ; R = 1 mèt. 1750, on aura :

$$1^m 1750 \times 1^m 1750 \times 3,1416 = 4^m 3373.$$

124. On obtient la surface d'un cercle dont on connaît la circonférence en divisant le carré de la circonférence par quatre fois le rapport, c'est-à-dire par 12,5664 ; soit la surface du cercle (fig. 15), C = 7 mèt. 382760, on aura :

$$(7^m 382760 \times 7^m 382760) : (12,5664) = 4^m 3373.$$

125. On obtient la surface de la couronne (fig. 16) en prenant la différence des deux cercles qui lui servent de limite ; les deux rayons égalent : l'un 1 mèt. 20, l'autre 0 mèt. 80 ; les cercles concentriques égalent : le 1er, $1^m 20 \times 1^m 20 \times 3,1416 = 4^m 5239$;

$$\text{le } 2^{me}, 0^m 80 \times 0^m 80 \times 3,1416 = 2^m 0106 ;$$

d'où la couronne égale $4^m 5239 - 2^m 0106 = 2^m 5133$.

On obtient encore sa surface en multipliant le rapport de la circonférence par la différence entre le carré des deux rayons, on aura : $1^m 20 \times 1^m 20 = 1^m 44$; $0^m 80 \times 0^m 80 = 0^m 64$; la différence égale $1^m 44 - 0^m 64 = 0^m 80$, d'où la couronne égale :

$$0^m 80 \times 3,1416 = \text{par excès } 2^m 5133.$$

126. On obtient la surface de l'ellipse (fig. 17) en multipliant sa circonférence ou périmètre par le quart de son axe moyen ; on obtient la circonférence de l'ellipse en multipliant son diamètre moyen par le rapport 3,1416 ; le grand D = $2^m 70$; le petit D = $2^m 05$; on aura :

$$\frac{2^m 70 + 2^m 05}{2} = 2^m 3750 \times 3,1416 = 7^m 4613 ;$$

On aura pour la surface de l'ellipse : les deux demi-axes égalent $2^m 3750 : 4 = 0^m 59375$, d'où $0^m 59375 \times 7^m 4613 = 4^m 4301$.

127. On obtient la surface de l'ove (fig. 18) dont on connaît la circonférence ou périmètre, en multipliant sa circonférence par le quart du diamètre moyen des trois axes ; on obtient le diamètre moyen de ses axes en divisant la circonférence par le rapport 3,1416 ; C = 7^{m}4613 ; le diamètre moyen égale 7^{m}4613 ⋮ 3,1416 = 2^{m}3750 ; le quart du diamètre moyen égale 2^{m}3750 ⋮ 4 = 0^{m}59375; d'où la surface de l'ove égale 0^{m}59375 × 7^{m}4613 = 4^{m}4301.

128. On obtient la surface du secteur *oabc* (fig. 15) en multipliant l'arc *abc* qui lui sert de base par la moitié du rayon *oa* ; on peut considérer un secteur comme composé d'une infinité de triangles ayant le centre pour sommet commun, et dont la totalité des bases compose l'arc du secteur; soit l'arc du secteur égale 1 mèt. 2304 (voir art. 121); le rayon égale 1 mèt. 175, on aura :

$$(1^m 2304) \times (1^m 175 ⋮ 2) = 0^m 7228.$$

Ceci est évident, le secteur *oabc* ayant 60 degrés, il égale le sixième du cercle. On aura pour preuve : la surface du cercle égale 4^{m}3373, d'où le secteur égale 4^{m}3373 ⋮ 6 = 0^{m}7228.

On obtient encore la surface du secteur en multipliant la surface du cercle par le nombre de degrés de l'angle du secteur et divisant le produit par 360; la surface du cercle égale 4^{m}3373; le nombre de degrés de l'angle du secteur égale 60 ; on aura :

$$\frac{4^m 3373 \times 60}{360} = 0^m 7228.$$

129. On obtient la surface du segment *men* (fig. 15) en retranchant la surface du triangle *mon* de la surface du secteur *mone;* la différence sera la surface du segment; soit un secteur dont l'angle égale 90 degrés, et la surface du cercle 4 mèt. 3373, on aura :

$$\frac{4^m 3373 \times 90}{360} = 1^m 0843 ;$$

la surface du triangle *mon* égale $\dfrac{1^m 70 \times 0^m 85}{2} = 0^m 7225$;

d'où la surface du segment égale 1^{m}0843 — 0^{m}7225 = 0^{m}3618.

CHAPITRE V.

SOLIDES ; DÉFINITIONS.

130. On appelle **solide** ou **corps**, tout ce qui réunit longueur, largeur et épaisseur ; parmi les solides, on distingue les **polyèdres** et les **corps ronds**.

DES POLYÈDRES.

131. On appelle **polyèdre** tout solide terminé par des surfaces planes.

132. On appelle **côté** ou **arête** d'un polyèdre la ligne formée par l'intersection commune de deux faces adjacentes. ,

133. Les polyèdres se divisent en **polyèdres réguliers** et en **polyèdres irréguliers**.

134. Un **polyèdre régulier** est un solide dont toutes les faces sont des polygones réguliers égaux entre eux et dont les angles solides sont aussi égaux entre eux.

135. Un **angle solide** est l'espace compris entre plusieurs plans qui se coupent en un même point.

136. Un **polyèdre irrégulier** est un solide dont toutes les faces ne sont pas des polygones réguliers égaux entre eux, et dont les angles solides sont inégaux.

137. Les polyèdres réguliers sont au nombre de cinq : trois formés de triangles équilatéraux : le **tétraèdre**, l'**octaèdre**, l'**icosaèdre** ; un avec des carrés, l'**hexaèdre** ou **cube** ; et un avec des pentagones, le **dodécaèdre**.

138. Le **tétraèdre régulier** (pl. 4, fig. 18) est un solide dont la surface présente quatre triangles équilatéraux égaux.

139. L'octaèdre régulier (fig. 19) est un solide dont la surface présente huit triangles équilatéraux égaux.

140. L'icosaèdre régulier (fig. 21) est un solide dont la surface présente vingt triangles équilatéraux égaux.

141. L'hexaèdre régulier ou **cube** (pl. 2, fig. 1) est un solide dont la surface présente six carrés égaux.

142. Le dodécaèdre régulier (pl. 4, fig. 20) est un solide dont la surface présente douze pentagones réguliers égaux.

143. Les principaux polyèdres irréguliers sont : le **prisme** et la **pyramide.**

144. Un **prisme** est un solide dont les faces latérales sont des parallélogrammes, et les bases deux polygones égaux et parallèles.

145. Un prisme est **droit** (pl. 2, fig. 3, 4, 5, 6, 7) quand ses arêtes latérales sont perpendiculaires aux bases.

146. Un prisme est **oblique** quand ses arêtes latérales ne sont pas perpendiculaires aux bases.

147. Un prisme **triangulaire**, **quadrangulaire**, **pentagonal**, **hexagonal**, etc., est un prisme qui a pour base un triangle, un quadrilatère, un pentagone, un hexagone, etc.

148. Un **parallélipipède** (pl. 2, fig. 2) est un prisme dont les bases sont des parallélogrammes.

149. Un **parallélipipède rectangle** est un solide dont les bases sont des rectangles.

150. Une **pyramide** (pl. 2, fig. 10, 11, 12) est un solide formé par plusieurs plans triangulaires partant d'un même point qui en es le sommet, et terminés aux différents côtés d'un polygone qui lui sert de base.

151. Une pyramide est **régulière** (pl. 2, fig. 10, 11, 12) lorsque la base est un polygone régulier et que la hauteur tombe sur le centre de la base.

152. L'**apothème** d'une pyramide régulière est la perpendiculaire abaissée du sommet sur un des côtés de la base.

153. Une **pyramide tronquée** ou **tronc de pyramide** (pl. 4, fig. 13, 14) est ce qui reste d'une pyramide quand on en retranche la partie supérieure par un plan; si la section est parallèle à la base (fig. 13), la pyramide est dite **tronquée parallèlement à la base;** si elle est oblique (fig. 14), la pyramide est dite **tronquée à section anti-parallèle à la base.**

154. La **hauteur** d'un prisme ou d'une pyramide quelconque droite ou oblique, est la perpendiculaire abaissée de la base supérieure ou sommet sur la base inférieure, que l'on prolonge s'il est nécessaire.

DES CORPS RONDS.

155. Les corps ronds dont s'occupe la géométrie élémentaire sont : le **cylindre**, le **cône** et la **sphère.**

156. Un **cylindre droit** (pl. 2, fig. 8) est un solide produit par la révolution d'un rectangle qu'on imagine tourner sur un de ses côtés.

157. On appelle **bases du cylindre** les cercles égaux décrits par les bases du rectangle générateur.

158. La **génératrice** ou côté du cylindre est la droite qui, dans le mouvement de rotation du rectangle, se meut parallèlement à l'axe et décrit la surface convexe du cylindre.

159. Un **cône droit** (pl. 2, fig. 9) est un solide produit par la révolution d'un triangle rectangle tournant sur un des côtés de l'angle droit.

160. La **base du cône** est le plan circulaire sur lequel repose le cône.

161. L'**axe du cône** est la droite qui joint le sommet au centre de la base.

162. La **génératrice** ou **côté du cône** est l'hypoténuse qui, dans le mouvement de rotation du triangle rectangle, décrit la surface latérale du cône.

163. La **hauteur** d'un cylindre où d'un cône quelconques droits ou obliques, est la perpendiculaire abaissée du sommet sur le plan de la base inférieure.

164. On peut couper le cône de cinq manières, qu'on appelle **sections coniques** (pl. 3, fig. 7) :

1° Parallèlement à la base, c'est le **cône tronqué**; la section donne le cercle ;

2° Obliquement à la base ou anti - parallèle , la section donne l'ellipse ;

3° Perpendiculairement à la base, passant par le sommet; la section présente un triangle isocèle ;

4° Perpendiculairement à la base, passant par le côté incliné du cône; cette section présente une hyperbole ;

5° Parallèlement au côté opposé : cette section présente une parabole.

165. La **sphère** (pl. 2, fig. 13) est un solide terminé par une surface courbe dont tous les points sont également éloignés d'un point intérieur qu'on appelle **centre**.

166. Les parties principales de la surface de la sphère sont : la **zone**, la **calotte** et le **fuseau sphérique**.

167. Une **zone** (pl. 4, fig. 23) est une partie de la surface de la sphère comprise entre deux cercles parallèles, soit la partie a.

168. La **calotte sphérique** (fig. 23) est une partie de la surface de la sphère comprise entre deux plans parallèles dont l'un est tangent à la sphère. Le solide qu'elle enveloppe se nomme le segment extrême, la partie c est la **calotte**.

169. Le **fuseau sphérique** (fig. 23) est une partie de la surface de la sphère comprise entre deux demi-grands cercles qui se terminent à un diamètre commun. soit la partie b.

170. Les parties principales du volume de la sphère sont : le **segment à deux bases**, le **segment extrême**, le **coin** ou **onglet sphérique**, et le **secteur**.

171. Le **segment sphérique à deux bases** (pl. 4. fig. 23) est une partie de la sphère comprise entre deux plans parallèles, ou, autrement dit, le solide enveloppé par la zone; soit la partie d.

172. Le **segment extrême** (fig. 23) est une partie de la sphère comprise entre deux plans parallèles, dont l'un serait tangent à la sphère, ou, autrement dit, le solide enveloppé par la calotte ; soit la partie *e*.

173. La **hauteur** de la zone ou du segment est la distance des deux plans parallèles.

174. Le **coin** ou **onglet sphérique** (fig. 23) est une partie solide de la sphère comprise entre les plans de deux demi-grands cercles qui se terminent à un diamètre commun, il a pour base le fuseau sphérique ; soit la partie *f*.

175. Le **secteur sphérique** (fig. 23) est une partie solide de la sphère, ayant la forme d'un cône à base convexe ; son sommet est au centre de la sphère, et sa base est une calotte sphérique ; soit la partie *g*.

VOLUME DES SOLIDES.

175 *bis.* Mesurer le volume d'un corps c'est déterminer combien de fois il contient un autre corps pris pour unité de mesure.

On peut simplifier un certain nombre de démonstrations relatives aux solides par le principe suivant, que l'on peut admettre comme évident : deux solides compris entre deux plans parallèles sont équivalents lorsque, ayant des bases équivalentes bien qu'elles puissent être de formes différentes, les deux hauteurs sont infiniment petites.

CHAPITRE VI.

MOYENS POUR TRACER LE DESSIN DES SOLIDES, LEURS BASES ET LEURS DÉVELOPPEMENTS.

(On pourra appliquer l'échelle qui conviendra pour le tracé des dessins.)

176. Hexaèdre ou **cube** (pl. 2, fig. 1). Pour tracer ce solide, il faut d'abord construire le carré *a b c d*, dont les côtés aient la dimension que l'on veut donner au solide, soit 1 mèt. ; aux points *a* et *d*, on trace un angle de 45 degrés; au point e, on construit un deuxième carré $efgh$, parallèle aux bases et aux côtés du premier carré; on joint bf et cg, parallèles à ae et dh; on aura ainsi le solide présentant ses six faces.

Pour tracer le développement de l'hexaèdre, il faut porter sur la ligne af quatre fois la longueur 1 mèt.; aux extrémités a et f, élever les perpendiculaires ac, fg; porter ensuite la longueur 1 mèt. de a en c, et de f en g; tracer la ligne cg, élever les perpendiculaires b, d, e, dont d et e doivent être prolongées de la longueur de 1 mèt.; joindre hi, jk, et on aura le développement du solide.

177. Parallélipipède (fig. 2). On trace ce solide et son développement comme pour le précédent.

178. Prisme droit, bases triangles rectangles (fig. 3). On trace d'abord la base du solide, dont le triangle égale 1 mèt. de côté, et sa base 1 mèt. 41 cent.; perpendiculairement à la base on élève les trois arêtes g, h, i, du prisme; on mène, du point g au point arbitraire h, la ligne gh, et du point h, la ligne hi; les lignes gi, gh, hi, présentent la base inférieure du solide. On porte ensuite la hauteur du solide, soit 2 mèt., de g en j, de h en k, et de i en l; on aura ainsi la figure du prisme.

Pour tracer son développement, il faut porter sur la ligne mn une longueur de 1 mèt. de m en a, égale au côté du prisme; porter une longueur de 1 mèt. 41 cent. de a en b, égale au grand côté, et une longueur de 1 mèt. de b en n, égale au premier côté; élever à ces points les perpendiculaires mo, ae, bp, nr; porter la longueur de 2 mèt. de m en o; mener la ligne or parallèle à mn, et tracer aux points a, b, et e, p, les triangles rectangles des bases; on aura ainsi l'ensemble du développement du prisme.

179. Prisme droit, bases triangles équilatéraux (fig. 4). Pour tracer ce solide et son développement, il faut opérer de la même manière que pour le précédent.

180. Prisme droit, bases pentagones réguliers (fig. 5). Pour tracer la figure de ce solide ainsi que de tous ceux dont les bases sont des polygones réguliers, il faut construire leurs bases par les moyens indiqués au chapitre II des éléments de géométrie (n° 52), et opérer pour l'élévation du solide au-dessus de sa base comme il a été démontré pour le prisme (fig. 3).

Pour tracer son développement, sachant que le côté de la base égale 0 mèt. 54 cent., et la hauteur du solide 2 mèt., il faut, sur la ligne *de*, qui est la base inférieure, porter cinq fois la longueur 0 mèt. 54 cent., et sur cette même base élever un rectangle *defg*, de 2 mèt. de hauteur; élever les perpendiculaires aux points de division *h, a, b, i*, et on aura le développement latéral du prisme.

Pour avoir son développement général, on élève sur les deux bases d'un côté du développement les deux polygones des bases.

On opérera de la même manière pour tous les prismes droits à bases polygones réguliers.

181. Cylindre droit, bases circulaires (fig. 8). Pour tracer la figure d'un cylindre droit dont le diamètre égale 0 mèt. 80 cent., et la hauteur 2 mètres, on décrit sa base circulaire avec un rayon de 0 mèt. 40 cent.; on divise la circonférence en douze parties égales par les moyens indiqués au chapitre II précédent, n° 46; sur cette base on élève perpendiculairement la figure du solide, dont la hauteur égale 2 mèt.; on porte cette hauteur de *a* en *b*, qui sont les deux lignes des bases, on élève ensuite sur le solide les perpendiculaires correspondant avec les divisions de la base.

Pour tracer le développement de sa surface latérale, sur la ligne *cd*, on élève un rectangle de 2 mèt. de hauteur, dont la base *cd* égale la longueur de la circonférence ou 3,1416 × 0^m 80 = 2^m 51. Pour avoir sa surface totale, il faut ajouter à ce rectangle les deux bases circulaires du solide.

On peut encore tracer son développement latéral en portant sur la base *cd* les douze points de division de la circonférence et en élevant à ces points les perpendiculaires qui complètent le développement.

182. Cône droit, base circulaire (fig. 9). Pour tracer la figure de ce solide, dont le diamètre de base égale 1 mèt. 20 cent., et la hauteur 2 mèt. 40 cent., on décrit sa base circulaire avec un rayon de 0 mèt. 60 cent.; on divise la circonférence en douze parties égales; on trace ensuite la ligne *cd*, qui est la base de la figure du cône; on élève la perpendiculaire *ab*, égale à 2 mèt. 40 cent.; on joint les points *cb* et *db*, qui forment les côtés du cône.

Pour avoir le développement de sa surface latérale, du point *e*, qui est le sommet, on trace un arc indéfini avec un rayon égal à l'un des côtés *cb* ou *db* de la figure du cône; on porte sur l'arc décrit les douze

parties de la circonférence de la base, et on joint les points de division
de l'arc au sommet *e;* on a ainsi son développement latéral.

Pour avoir le développement général, il faut ajouter à la base
décrite par l'arc de cercle, la base du solide.

183. Pyramide droite, base pentagone régulier (fig. 40). Pour
tracer la figure du solide dont le côté du polygone de base égale
0 mèt. 78 cent., et la hauteur 2 mèt. 40 cent., après avoir construit
le polygone de base, on trace la base *ef* de la figure; on remonte
perpendiculairement les arêtes du polygone sur cette base, on élève
la perpendiculaire *g h* de 2 mèt. 40 cent. de hauteur; on trace ensuite
les cinq arêtes du solide partant de la base au sommet.

Pour tracer le développement de sa surface latérale; il faut tirer la
ligne de base *a b* égale au côté du polygone, soit 0 mèt. 78 cent.;
sur le milieu de cette ligne on élève la perpendiculaire indéfinie *c d;*
on prend la longueur de l'apothème *j o* du polygone que l'on porte sur
la base de la figure et en reculement de *g* vers *e*. ou de *g* vers *f;* puis
on fixe la pointe du compas à l'un de ces points, et l'ouvrant jusqu'au
sommet *h*, on porte cette longueur de *c* en *d;* on aura ainsi l'apothème
du triangle *a b d* du développement; on trace les autres faces en ouvrant
le compas de *a* en *d* ou de *b* en *d*, et du point *d* on décrit des arcs
qui se coupent à la base au moyen d'une ouverture de compas égale
au côté *a b* déjà tracé, dont la pointe est fixée aux points *a* et *b;* ainsi
de suite on mène les lignes de la base au sommet : elles seront les
arêtes de la pyramide.

Pour avoir son développement général on ajoute le polygone de
base du solide à la base du développement.

On peut encore tracer le développement de la pyramide en prenant
la longueur du rayon *o h*, la portant en reculement sur la base de *g*
vers *e;* puis on ouvre le compas jusqu'au sommet *h*, et avec cette
longueur on décrit un arc de cercle indéfini; portant ensuite sur cet
arc la longueur du côté du polygone autant de fois qu'il est contenu
dans la base, on trace les arêtes de la base au sommet; on aura le
même résultat que par les moyens précédents. Toutes les pyramides
droites à bases polygones réguliers peuvent être tracées par les
mêmes procédés.

184. Sphère (fig. 13). Son diamètre égale 1 mèt. 20 cent., et la
longueur de la circonférence 3.1416 × 1^m 20 = 3^m 77.

Pour tracer son développement, on construit un rectangle $abcd$, dont la hauteur égale 1 mèt. 20 cent., et la longueur égale la circonférence de la sphère ou $1^m20 \times 3,1416 = 3^m77$ cent.; on mène ensuite sur le milieu des côtés du rectangle la ligne de centre ef, et on la divise en douze parties égales; on détermine sur les deux bases douze autres points correspondant au milieu des divisions, et on les joint par des arcs de cercle comme l'indique la figure.

185. Prisme droit hexagonal tronqué (pl. 3, fig. 4). On trace ainsi son développement : après avoir construit le polygone de base et la figure du solide dont les côtés égalent 0 mèt. 44 cent., et la hauteur moyenne 2 mèt., on tire la ligne de base eg, sur laquelle on porte six fois la longueur 0 mèt. 44 cent.; on élève sur ces points de division, ainsi qu'aux extrémités de la ligne, des perpendiculaires indéfinies; on porte la longueur de la grande arête hi de e en f; l'arête moyenne de c en d, et la petite arête de a en b; on mène par ces points des parallèles à la base inférieure sur les arêtes opposées, et l'on joint ces points, ce qui forme la base supérieure du développement. On opère ainsi pour tous les prismes tronqués ou obliques.

186. Cylindre droit, base circulaire, tronqué (fig. 5). Pour obtenir le développement de ce solide, après avoir construit la base et la figure du cylindre, dont le diamètre égale 0 mèt. 80 cent., et la hauteur moyenne 2 mèt., on tire la ligne de base cd égale en longueur à $3,1416 \times 0^m80 = 2^m51$; on divise cette ligne en douze parties égales; on élève à ces points de division, ainsi qu'aux extrémités de la ligne, des perpendiculaires indéfinies; on mène, de la base supérieure de la figure du solide, sur les perpendiculaires du développement, les lignes parallèles à la base inférieure, partant de l'intersection des lignes du solide et allant couper en passant les perpendiculaires du développement; on raccorde ensuite par des courbes les points de rencontre; on obtient ainsi le développement.

On opérera de la même manière pour tous les cylindres tronqués ou obliques.

Les sections paraboliques et hyperboliques sont basées sur des considérations qui ne peuvent trouver place dans ces éléments.

187. Cône oblique, base circulaire (fig. 8). Le diamètre de sa circonférence de base égale 1 mèt. 20 cent., et la hauteur du solide 2 mèt. 40 cent. On trace sa base avec un rayon de 0 mèt. 60 cent.;

on mène le diamètre *de;* on divise la circonférence en douze parties égales; on construit ensuite la figure du solide en employant les procédés indiqués pour le cône droit, au n° 182.

Pour tracer son développement, on prend la hauteur *fi* du solide, que l'on porte sur la ligne *ch;* on prend ensuite un premier rayon *dj,* que l'on porte en reculement sur la base de la figure du solide, de *f* vers *g,* puis de ce point on ouvre le compas jusqu'au sommet *i,* et avec cette ouverture de compas, dont on fixe la pointe au point *h,* on décrit un arc de cercle qui se coupe à la rencontre d'un autre arc décrit avec le douzième de la circonférence et du point *c* comme centre; on mène la ligne *kh;* on opère ainsi en suivant de droite à gauche, puis on reproduit cette partie de gauche à droite par le même procédé, en partant du point *c;* on raccorde par des courbes, à l'aide d'une pièce de raccord, tous les points d'intersection des arcs; on a ainsi son développement.

On opérera de la même manière pour tous les cônes obliques à base circulaire, elliptique ou ovoïde.

188. Pyramide d'angle, base quadrangulaire (pl. 4, fig. 11). Pour tracer son développement, étant donné que le côté de la base égale 1 mèt. 05 cent., et la hauteur du solide 2 mèt. 40 cent., on construit d'abord le triangle rectangle *abd,* ayant 1 mèt. 05 cent. de base et 2 mèt. 40 cent. de hauteur; on porte ensuite la ligne *gh* en reculement sur la base *ej,* et de ce point on ouvre le compas jusqu'au sommet *f;* on porte cette longueur de *d* en *c,* en décrivant un arc de cercle; du point *b* et avec une ouverture de compas égale au côté de la base, on coupe l'arc en *c,* et l'on joint *bc, cd,* ce qui complète la moitié du développement, que l'on porte parallèlement du côté opposé; on obtiendra ainsi l'ensemble du développement latéral du solide.

On opérera de la même manière pour toutes les pyramides obliques à bases polygones réguliers et irréguliers.

189. Tétraèdre régulier (pl. 4, fig. 18). Pour tracer le développement de ce solide, dont les côtés des triangles sont donnés de 1 mèt. 42 cent., on construit un triangle équilatéral *abc,* ayant pour côtés et pour base deux fois la longueur des mêmes lignes du solide, ou 2 mèt. 84 cent; on joint ensuite le milieu des côtés par les lignes *fe, fd, de,* ce qui donne quatre triangles équilatéraux égaux, de 1 mèt. 42 cent. de côté.

Nota. — On ne peut obtenir le tracé de la figure des polyèdres, qu'à l'aide de projections des angles et triangles des solides en nature qui servent de modèles.

190. Octaèdre régulier (pl. 4, fig. 19). Pour tracer le développement de ce solide, étant donné que les côtés de ses triangles égalent 1 mèt. 24 cent., on construit un triangle équilatéral abc, de 1 mèt. 24 cent. de côté ; on prolonge la base ab, et par le sommet c on mène une parallèle à la base ; on porte le côté du triangle deux fois sur le prolongement de la base, trois fois sur la base supérieure ; on joint tous ces points par des droites qui sont parallèles aux côtés du triangle ; enfin on construit aux extrémités les deux triangles abd, efg, qui complètent le développement de l'octaèdre régulier.

Pour la pyramide de décomposition de ce solide, dont la base égale le triangle abc, et la hauteur 0 mèt. 50 cent., on trace son développement comme celui de la pyramide droite n° 183.

191. Dodécaèdre régulier (pl. 4, fig. 20). Le côté des pentagones des faces de ce solide étant donné de 0 mèt. 47 cent., on obtient ainsi son développement : On construit d'abord le pentagone p, ayant pour côté 0 mèt. 47 cent.; on prolonge ses côtés, et l'on trace la circonférence $abcde$; à partir de ces points, on porte à droite et à gauche la longueur 0 mèt. 47 cent., qui est la dimension du côté du pentagone, et l'on joint ces points sur les angles du pentagone p, ce qui donne la moitié du développement. Pour avoir l'autre moitié, on opère d'une façon analogue sur les lignes prolongées correspondantes.

Pour tracer le développement de sa pyramide de décomposition, on opérera comme pour la pyramide droite ; sa base égale le pentagone p, et sa hauteur 0 mèt. 53 cent.

192. Icosaèdre régulier (pl. 4, fig. 21). Pour tracer son développement, les côtés des triangles équilatéraux des faces ayant 0 mèt. 68 cent., on construit d'abord le triangle équilatéral abc, de 0 mèt. 68 cent. de côté ; on prolonge la base ab, et par le sommet c on mène une parallèle à la base ; on porte le côté du triangle quatre fois sur le prolongement de la base de b en d, cinq fois sur la parallèle de c en e; on joint tous les points par des droites que l'on prolonge de manière à former cinq triangles équilatéraux égaux au-dessus de la parallèle, cinq au-dessous du prolongement de la base, en sorte que le développement présentera vingt triangles équilatéraux.

Pour tracer le développement de sa pyramide de décomposition, on opérera comme pour les précédentes; sa base égale le triangle équilatéral *a b c*, et sa hauteur 0 mèt. 52 cent.

193. Dodécaèdre ellipsoïde (pl. 6, fig. 15). Ce solide est composé de douze faces pentagonales, dont deux régulières et dix irrégulières; le côté du pentagone régulier *c* égale 0 mèt. 42 cent.; les côtés du pentagone irrégulier *a* égalent : *ef*, 0 mèt. 42 cent.; *fg*, 0 mèt. 50 cent.; *gh*, 0 mèt. 47 cent. Pour obtenir son développement, on construit d'abord le pentagone régulier *c*, avec 0 mèt. 42 cent. de côté; on élève une perpendiculaire *ch* coupant la base ou côté des deux pentagones au point *i;* sur cette perpendiculaire et partant du point *i*, allant au point *h*, on porte la longueur de 0 mèt. 79 cent.; sur cette même perpendiculaire, et partant du même point *i*, on porte la longueur 0 mèt. 41 cent., qui détermine l'axe *o* du pentagone, sur lequel axe doit tomber la perpendiculaire du sommet de la pyramide de décomposition, ou, en d'autres termes, le centre du solide; du point *c* comme centre, on décrit deux circonférences passant par les angles *g*, *h*, du pentagone *a;* on porte de *h* en *g*, 0 mèt. 47 cent., et de *f* en *g*, 0 mèt. 50 cent.; enfin on joint *fg*, *gh*. On trace de même les deux autres côtés opposés du polygone. Pour obtenir les quatre autres pentagones égaux au précédent, on divise la circonférence extrême en cinq parties égales partant du point *h;* on tire les quatre rayons qui sont égaux à *ch*, et sur ces rayons et circonférences on opère comme pour le pentagone *a;* on obtient ainsi la moitié du développement. On opérera de même pour l'autre moitié.

Pour avoir le développement des pyramides de décomposition, on se servira des moyens employés pour les pyramides ordinaires; la hauteur de la pyramide *a* égale 0 mèt. 48 cent., la hauteur de la pyramide *b* égale 0 mèt. 59 cent.

194. Dodécaèdre ovoïde (pl. 6, fig. 16). Ce solide présente douze faces pentagonales, dont sept régulières et cinq irrégulières; le côté des six pentagones réguliers *a a* égale 0 mèt. 47 cent.; le côté du pentagone régulier *b* égale 0 mèt. 37 cent., et les côtés des cinq pentagones irréguliers *c* égalent : *de*, 0 mèt. 37 cent.; *ef*, 0 mèt. 67 cent.; *fg*, 0 mèt. 47 cent.; la perpendiculaire partant du côté *de* et allant en *g* égale 0 mèt. 90 cent. Sur la même perpendiculaire, le point d'axe *o*, partant du côté *de*, égale 0 mèt. 51 cent. Avec ces données, on opérera comme pour le précédent, ainsi que pour le développement des pyramides de décomposition, dont les hauteurs égalent : pour la pyramide a, 0 mèt. 53 cent.; pour la pyramide b, 0 mèt. 69 cent., et pour la pyramide c, 0 mèt. 52 cent.

195. Icosaèdre ellipsoïde (pl. 6, fig. 17). La surface de ce solide est composée de vingt triangles isocèles égaux entre eux, dont la base égale 0 mèt. 57 cent., et la hauteur, 0 mèt. 61 cent.; la longueur de ses côtés égale 0 mèt. 67 cent.

On trace son développement par les moyens employés pour l'icosaèdre régulier, n° 192, ainsi que pour ses deux pyramides de décomposition, après avoir établi les bases comme suit : il suffit de tracer le centre de la perpendiculaire des sommets des pyramides ; dans le triangle b, on porte de sa base, allant au sommet c, sur la perpendiculaire, une longueur de 0 mèt. 24 cent. au point b, et l'on joint les trois arêtes ; dans le triangle a l'on porte, de sa base allant au sommet d, une longueur de 0 mèt. 04 cent., au point a, et l'on joint les trois arêtes. On a ainsi la base des deux pyramides; leur hauteur égale : pour la pyramide b, 0 mèt. 50 cent., et pour la pyramide a, 0 mèt. 45 cent.

196. Icosaèdre ovoïde (pl. 6, fig. 18). La surface de ce solide présente vingt triangles qui ne sont pas égaux entre eux, mais dont les bases communes sont égales entre elles ; le triangle a égale : base, 0 mèt. 60 cent.; hauteur, 0 mèt. 70 cent.; le triangle b égale : base, 0 mèt. 60 cent.; hauteur, 0 mèt. 56 cent.; le triangle c égale : base, 0 mèt. 60 cent.; hauteur, 0 mèt. 50 cent.

On trace le développement de l'icosaèdre ovoïde comme celui de l'icosaèdre ellipsoïde; il en est de même pour ses trois pyramides de décomposition, dont on établit les bases de la manière suivante : on trace le centre de la perpendiculaire des sommets des pyramides ; dans le triangle a l'on porte, de sa base allant à son sommet et sur la perpendiculaire, une longueur de 0 mèt. 07 cent., et l'on joint de ce point les trois arêtes qui déterminent le sommet de la pyramide ; on opère ainsi pour les deux autres ; soit, pour la pyramide b, une longueur de 0 mèt. 20 cent. partant de la base du triangle, et pour la pyramide c, une longueur de 0 mèt. 23 cent.; la hauteur de ces pyramides sera : pour la pyramide a, 0 mèt. 51 cent.; pour la pyramide b, 0 mèt. 48 cent., pour la pyramide c, 0 mèt. 45 cent.

197. Dodécaèdre sphérique étoilé (pl. 7, fig. 25). Ce solide est composé de douze pyramides pentagonales ayant pour base le polygone régulier *a*. Le côté du polygone égale 0 mèt. 32 cent. Pour tracer son développement, on opérera sur la moitié du solide. On construit d'abord le développement de la pyramide *b* par les moyens déjà employés pour les pyramides droites; le côté de sa base égale 0 mèt. 32 cent., et la hauteur 0 mèt. 35 cent.; on élève ensuite une perpendiculaire *oc* sur le milieu du côté *d*, partant du sommet *o;* on prend sur cette perpendiculaire la longueur *do*, que l'on porte de *d* en *e;* du point *e* comme centre, on décrit un arc de cercle passant sur les angles du côté *d*, et qui soit égal à celui qui est décrit sur la pyramide *b;* on porte sur l'arc de cercle, en allant de gauche à droite, quatre fois la longueur du côté *d;* on mène les lignes de base et les arêtes de la pyramide; on opère ainsi pour les autres pyramides formant la moitié du solide. Cela fait, on trace la seconde moitié de la même manière que la première.

198. Icosaèdre sphérique étoilé (pl. 7, fig. 26). Ce solide est composé de vingt pyramides triangulaires ayant pour base le triangle équilatéral *b*, dont le côté égale 0 mèt. 44 cent., et la hauteur 0 mèt. 35 cent. Pour tracer son développement, il faut le diviser en trois parties, dont deux, *c* et *d*, forment les extrémités du solide, et l'autre, *a*, forme la partie centrale. (Il est indispensable de reproduire la position et le nombre des triangles tels qu'ils sont sur le dessin modèle, tant pour les lignes pointillées que pour les lignes pleines.)

Pour tracer une extrémité, il faut d'abord construire le triangle équilatéral *d*, ayant pour côté 0 mèt. 44 cent.; prolonger sa base, mener une parallèle à la base passant par le sommet du triangle; entre ces deux bases tracer huit autres triangles égaux au premier et dans la même position que sur le dessin modèle; mener ensuite une deuxième parallèle à la même distance de la première; entre ces deux parallèles, tracer six triangles égaux aux premiers et dans la même position que celle qui leur est assignée sur la figure; on a ainsi la première partie extrême, comprenant quinze triangles équilatéraux, qui, une fois développés et réunis trois par trois, forment cinq pyramides triangulaires, ou le quart du solide. On opérera de la même manière pour l'autre partie extrême.

Pour tracer la partie centrale, il suffit de construire un triangle équilatéral *a*, ayant pour côté 0 mèt. 44 cent., c'est-à-dire le même que celui des parties extrêmes. On prolonge sa base indéfiniment, et l'on mène une parallèle à la base passant par le sommet du triangle; on trace entre ces deux lignes vingt-neuf autres triangles égaux au premier. On obtient ainsi la partie centrale qui, une fois les triangles développés et réunis trois par trois, forment les dix pyramides triangulaires. On peut tracer la partie centrale en plusieurs fractions, pourvu que la quantité des triangles et leur position soient pareilles au modèle du dessin.

CHAPITRE VII.

CONSTRUCTION EN PAPIER DES PRINCIPAUX SOLIDES

POUR SERVIR A LEUR DÉMONSTRATION.

199. Pour arriver à de bons résultats, il faut employer le papier à dessin ordinaire le plus fort possible; la colle doit être faite avec de la gomme en poudre délayée à froid, employée épaisse de manière à ce qu'elle sèche immédiatement après emploi. On peut se servir aussi de la gomme ordinaire, mais il faut la faire dissoudre vingt-quatre heures à l'avance. On se sert pour enduire les parties à coller d'un petit pinceau ou d'une petite palette en bois dur.

On trouvera les dimensions des bases et les hauteurs des solides en nature au chapitre de l'*Évaluation des surfaces et volumes des corps et solides*, commençant (n° 4) par l'*hexaèdre* ou *cube*. Il faut réduire le chiffre donné dans le texte au dixième, et on aura le solide réel; si le côté est indiqué dans le texte comme ayant 1 mèt., il faut donner 0 mèt. 10 cent. au côté du solide; si le texte porte 2 mèt. 40 cent. de hauteur, il faut mettre 0 mèt. 24 cent. à la hauteur du solide; et ainsi de suite.

Nous nous bornerons à démontrer les principaux solides, attendu qu'ils dérivent tous des polyèdres, des pyramides, du cylindre, du cône ou de la sphère.

200. Pour construire l'**hexaèdre régulier** ou cube (pl. 2, fig. 1), les côtés de ses six faces égalant 0 mèt. 10 cent., après avoir tracé son développement comme il a été déjà indiqué au n° 176, on déter mine, en dehors de la ligne af, une bande de papier de 0,006 millim. de largeur, de a en d et de d en f; on figure également une même bande sur les côtés opposés, en dehors de cg; on trace une même bande en dehors de fg. On plie le papier sur toute la ligne af et cg; on en fait de même aux lignes pointillées b, d, e, ainsi qu'à la bande fg; on coupe en onglet les extrémités des bandes à tous les plis, de manière à ce que le développement puisse s'opérer librement. Pour plier le papier, on applique une règle sur les lignes des arêtes du solide, on prend un couteau dont la pointe doit être un peu arrondie et émoussée, et l'on trace en appuyant légèrement pour ne pas couper le papier, que l'on plie ensuite en dedans du solide en appliquant fortement les doigts; on détermine ainsi les arêtes droites et vives. Enfin on colle les parties en plaçant les bandes gommées à l'intérieur du solide (1).

201. **Prisme bases triangle rectangle** (pl. 2, fig. 3). Ses deux côtés latéraux égalent 0 mèt. 10 cent.; sa partie centrale ou base du triangle, 0 mèt. 141 mill., et la hauteur du solide, 0 mèt. 20 cent. Après avoir dessiné son développement, on trace, en dehors des deux lignes de base, deux bandes de papier de 0 mèt. 006 mill. de largeur, ainsi que sur la ligne nr du côté; on plie le papier sur les lignes, ainsi que sur celles pointillées; on colle mo avec nr; on rabat les deux bases sur les côtés, que l'on colle également, toujours en mettant la bande de papier à l'intérieur.

202. **Prisme droit, bases pentagonales** (pl. 2, fig. 5). Les côtés latéraux de son développement égalent 0 mèt. 054 millim., et la hauteur du solide, 0 mèt. 20 cent. Après avoir tracé son développement, on opère comme pour le précédent. On trace et l'on plie d'abord les bandes, ainsi que les lignes pointillées, puis on colle dg avec ef, on rabat les bases, etc.

203. **Cylindre droit, bases circulaires** (pl. 2, fig. 8). Le contour de sa base égale 0 mèt. 251 millim., et sa hauteur 0 mèt. 20 cent. ou

(1) Pour faciliter la disposition et le collage des bandes de papier, l'auteur a fait reproduire sur une feuille à part les principaux solides déjà représentés dans les planches de l'ouvrage, et mis à l'échelle de 0,050 millimètres pour 1 mètre. Outre les renseignements nécessaires pour la construction de ces solides, chaque figure contient des indications qui correspondent exactement avec celles du texte. Le prix de cette feuille, du format grand-raisin papier fort, sera très-minime.

0,200 millim. Après avoir tracé son développement comme il est indiqué au n° 181, on détermine une bande de papier en dehors des deux lignes de base du développement, ainsi que sur le côté *de;* on trace les plis de ces bandes; on colle *de* contre la ligne *c* en arrondissant le papier, puis on colle les deux bases circulaires. Les bandes de papier de toutes les bases circulaires doivent être découpées comme des dents de scie très-rapprochées, afin de ne pas gêner le développement de la partie cylindrique du solide (1).

204. Cône droit, base circulaire (pl. 2, fig. 9). Le périmètre de la base de ce solide égale 0 mèt. 377 millim., et sa hauteur 0 mèt. 24 cent. ou 0,240 millim. On établit d'abord son développement comme il est indiqué au n° 182; on trace ensuite une bande en dehors de la base du développement, ainsi que sur le côté *fe;* après avoir plié la bande de la base et celle du côté comme il a été démontré au cylindre précédent, on colle *fe* avec *ge* en arrondissant le papier; enfin on colle la base du solide au développement latéral.

205. Pyramide droite, base pentagonale (pl. 2, fig. 10). Le côté du polygone de base égale 0 mèt. 078 millim., et la hauteur du solide 0 mèt. 24 cent. ou 240 millim. On trace d'abord son développement comme il est indiqué au n° 183. On trace ensuite une bande de papier en dehors de la base du développement, ainsi que sur l'arête *ld;* on plie les bandes et arêtes indiquées par le dessin; on colle l'arête *ld* avec *md,* et enfin la base du solide au développement latéral.

Il n'est pas utile de construire la sphère, attendu que son développement présente la forme d'une boule.

Tous les prismes, cylindres, cônes et pyramides quelconques, droits ou obliques, quelles que soient leurs bases, se construisent de la même manière que les solides que nous venons de décrire dans les pages précédentes et qui figurent sur notre planche 2.

CONSTRUCTION DES POLYÈDRES.

206. Tétraèdre régulier (pl. 4, fig. 18). Le côté du triangle de ses quatre faces égale 0 mèt. 142 millim. On établit d'abord son dé-

---

(1) En cours d'exécution et pour les parties circulaires, le constructeur peut changer la disposition des bandes de collage et les appliquer aux bases mêmes du solide, en supprimant celles qui sont aux bases du développement.

veloppement comme il est indiqué au n° 189. On trace ensuite une
bande de papier en dehors du grand triangle, de c en e, une autre
de c en d, et une troisième de f en b ; on plie les bandes ainsi que les
lignes pointillées fe, fd, de ; enfin on colle af avec fb, be avec ec,
cd avec da.

207. Octaèdre régulier (pl. 4, fig. 19). Le côté du triangle de son
développement égale 0 mèt. 124 millim. Après avoir établi son développement comme il est indiqué au n° 190, on trace une bande de
papier en dehors de la ligne ce, une de c en a, une de a en d, et une
de d en b ; on plie les bandes et les lignes pointillées ; puis on colle
ensemble les côtés portant les mêmes numéros, soit n° 1 avec n° 1,
n° 2 avec n° 2, ainsi de suite.

On construit le développement de sa pyramide de décomposition
comme une pyramide ordinaire ; le côté de sa base égale 0 mèt.
124 millim., et sa hauteur 0 mèt. 050 millim.

208. Dodécaèdre régulier (pl. 4, fig. 20). Le côté du pentagone de
ses faces égale 0 mèt. 047 millim. On établit son développement en
deux parties, comme il est indiqué au n° 191, après quoi on trace sur
la première partie une bande de papier en dehors de tous les côtés
des pentagones extérieurs dont les sommets des angles touchent la
circonférence ; on trace également une autre bande sur la moitié des
côtés des mêmes pentagones sur la ligne gh : on plie ensuite ces
bandes, ainsi que les côtés du pentagone intérieur. On opère pour
l'autre moitié du solide comme pour la première, en observant qu'il
ne faut pas de bandes aux côtés extérieurs des cinq pentagones dont
les angles touchent la circonférence. On colle gh avec gi, ainsi que
les autres côtés formant le même angle ; on en fait de même à l'autre
partie ; on réunit les deux moitiés que l'on colle sur les côtés extrêmes, et l'ensemble obtenu constitue un dodécaèdre régulier.

On construit sa pyramide de décomposition comme une pyramide
ordinaire ; le côté de sa base égale 0 mèt. 047 millim., et sa hauteur
0 mèt. 053 millim.

209. Icosaèdre régulier (pl. 4, fig. 21). Le côté du triangle de
ses faces égale 0 mèt. 068 millim. On trace d'abord le développement
de ce solide comme nous l'avons indiqué au n° 192 ; on délimite ensuite une bande de papier sur les côtés 3, 5, 7, 9, 10, et sur la ligne ca, ainsi que sur les côtés 11, 12, 13, 14 et 15. Après avoir plié

les bandes et les lignes pointillées, on colle la ligne n° 2 avec la ligne n° 3, la ligne n° 4 avec la ligne n° 5, et ainsi de suite, puis on réunit le n° 1 avec le n° 10 ; on en fait de même à la partie inférieure ; on réunit le côté *ac* au côté *de*, et l'on a ainsi l'ensemble du solide.

On construit sa pyramide de décomposition comme les précédentes ; le côté de sa base égale 0 mèt. 068 mill., et sa hauteur 0 mèt. 052 mill.

Pour la construction des figures 15, 16, 17 et 18, de la planche 6 du Cours intermédiaire, on opérera comme il a été indiqué pour les polyèdres réguliers ; il en sera de même pour leurs pyramides de décomposition, en ayant soin de réduire au dixième les dimensions données dans le texte, comme il a été fait précédemment.

210. Dodécaèdre sphérique étoilé (pl. 7, fig. 25). Le côté de la pyramide de la base égale 0 mèt. 032 millim., et sa hauteur 0 mèt. 035 millim. Son développement sera tracé en deux parties, comme il est indiqué au n° 197. On construit d'abord la moitié du solide, et pour simplifier l'opération, on trace une bande de papier en dehors de tous les côtés des bases des six pyramides ; on en fait de même sur une arête extrême de chaque pyramide, soit par exemple *ef ;* on plie toutes les bandes ainsi que les arêtes intérieures des pyramides et les lignes pointillées des bases ; on fait subir au développement une révolution de manière que les bases 1, 2, 3, 4, viennent rejoindre les mêmes numéros de la partie correspondante. Cette opération faite, on retranche les bandes qui font double emploi, et l'on colle la première partie. On procède de même pour la deuxième et l'on rejoint les deux par un collage, tout en ayant soin de supprimer les bandes inutiles (1).

211. Icosaèdre sphérique étoilé (pl. 7, fig. 26). Le côté de la base de la pyramide égale 0 mèt. 044 millim., et sa hauteur 0 mèt. 035 millim. Après avoir tracé son développement en trois parties, comme il est indiqué au n° 198, on construit une des parties extrêmes, en laissant une bande de papier sur toutes les bases et côtés ; on inscrit sur la figure les chiffres soulignés et les chiffres non soulignés à la place qui leur est assignée sur notre dessin modèle (2). On coupe

---

(1) En disant de tracer des bandes à tous les côtés des bases et de supprimer ensuite celles qui font double emploi, nous abrégeons une démonstration qui, sans cela, serait très-longue et par conséquent moins claire pour l'opérateur.

(2) L'exactitude de ce numérotage est essentielle, car un chiffre mal placé empêcherait la construction.

ensuite la ligne pleine de *e* en *f*, on plie les bandes et les lignes pointillées, et l'on fait subir au développement une révolution par suite de laquelle les mêmes chiffres non soulignés doivent se rejoindre; enfin on colle les parties assemblées, en supprimant les bandes qui font double emploi. On construira l'autre partie extrême de la même manière. Quant à la partie centrale, le côté des triangles égale 0 mèt. 044 millim. Son développement s'obtiendra comme il est indiqué au n° 198; il est composé de trente triangles équilatéraux égaux, compris entre deux lignes. On trace une bande de papier en dehors des deux lignes et sur les côtés du développement, on forme le pli aux bandes et aux lignes pointillées; on fait subir au développement une révolution qui réunit les côtés des triangles pareillement numérotés, c'est-à-dire 7 avec 7, 8 avec 8, 9 avec 9, etc.; on les colle, en prenant les triangles placés dans la position des précédents et en supprimant les bandes en double emploi. Après avoir construit en entier cette partie centrale, il faut joindre et coller les côtés non numérotés avec les parties extrêmes, sur les côtés marqués des chiffres soulignés 1, 2, 3, 4, 5, en ayant soin de supprimer les bandes doubles inutiles. On aura ainsi l'ensemble de l'icosaèdre sphérique étoilé.

TABLE DES POLYGONES RÉGULIERS

Pour l'évaluation abrégée de leurs surfaces.

212. L'unité étant donnée pour côté, on aura les surfaces suivantes :

Le triangle équilatéral	0,4330	L'octogone	4,8284
Le carré	1,0000	L'ennéagone	6,1818
Le pentagone	1,7205	Le décagone	7.6942
L'hexagone	2,5981	Le dodécagone	11,1962
L'heptagone	3,6339	Le pentédécagone	17,6424

Exemple. — Pour trouver la surface d'un triangle équilatéral de 8 mèt. de côté, on aura :

$$8^m \times 8^m = 64^m \times 0,4330 = 27^m7120 ;$$

c'est-à-dire que pour avoir la surface d'un polygone régulier dont on connaît le côté, il faut multiplier le nombre de la table par le carré du côté.

DEUXIÈME PARTIE.

ÉVALUATION DES SURFACES ET DES VOLUMES DES SOLIDES.

Pour rendre les opérations plus claires et plus faciles, les dimensions des bases et hauteurs des solides en nature seront portées dans le texte comme dix fois plus grandes; ainsi le diamètre réel de notre modèle en nature étant de 0 mèt. 12 cent., le texte portera 1 mèt. 20 cent.; la hauteur étant de 0 mèt. 24 cent., le texte portera 2 mèt. 40 cent., etc.

SIGNES ET ABRÉVIATIONS.

$+$ plus.	L Longueur de la génératrice, apothême ou côté latéral du solide.
$-$ moins.	
$\times$ multiplié par.	
$:$ divisé par.	E contour ou périmètre des bases.
$\dfrac{»}{»}$ divisé par (autre cas).	
$=$ égale.	M moyen, moyenne.
A côté de la base du polygone.	R rapports divers.
B base.	S surface.
C circonférence.	V volume.
D diamètre.	S B surface de la base.
H hauteur.	D M diamètre moyen.
	H M hauteur moyenne.

SURFACE DES SOLIDES.

(SOLIDES DE LA PLANCHE 2.)

1. Hexaèdre ou **cube** (pl. 2, fig. 1). On obtient sa surface totale en multipliant par 6 le carré de l'une de ses faces. A = 1 mèt. ; soit $ab \times ac \times 6$; on aura :

$$1^m \times 1^m = 1^m ; \quad \text{d'où} \quad \text{Surface égale } 1^m \times 6 = 6^m.$$

2. Parallélipipède (pl. 2, fig. 2). On obtient sa surface latérale en multipliant le contour ou périmètre de sa base par la hauteur du solide. A = 0^m708 ; H = 2 mèt. ; soit $ab \times 4 \times ac$; on aura :

$$0^m708 \times 4 = 2^m832 ; \quad \text{d'où} \quad S = 2^m832 \times 2^m = 5^m6640.$$

3. Prisme bases triangles rectangles (fig. 3). On obtient sa surface latérale en multipliant le périmètre de sa base par la hauteur du solide. A = $1^m41 + 1^m + 1^m$; H = 2^m ; soit $ab + ac + cb \times ac$; on aura :

$$1^m41 + 1^m + 1^m = 3^m41 ; \quad \text{d'où} \quad S = 3^m41 \times 2^m = 6^m82.$$

4. Prisme bases triangles équilatéraux (fig. 4). On obtient sa surface latérale, comme celle du précédent, en multipliant le contour de sa base par la hauteur du solide. A = 1^m076 ; H = 2^m ; soit $ab \times 3 \times ac$; on aura :

$$1^m076 \times 3 = 3^m228 ; \quad \text{d'où} \quad S = 3^m228 \times 2^m = 6^m4560.$$

5. Prisme pentagonal (fig. 5). On obtient sa surface latérale en multipliant le contour de la base par la hauteur du solide. A = 0^m54 ; H = 2^m ; soit $ab \times 5 \times ac$; on aura :

$$0^m54 \times 5 = 2^m70 ; \quad \text{d'où} \quad S = 2^m70 \times 2^m = 5^m40.$$

6. Prisme hexagonal (fig. 6). On obtient sa surface latérale en multipliant le contour de la base par la hauteur du prisme. A = 0^m44 ; H = 2^m ; soit $ab \times 6 \times ac$; on aura :

$$0^m44 \times 6 = 2^m64 ; \quad \text{d'où} \quad S = 2^m64 \times 2^m = 5^m28.$$

7. Prisme octogonal (fig. 7). On obtient sa surface latérale en multipliant le périmètre de sa base par la hauteur du solide. A = 0^m322 ; H = 2^m ; on aura :

$$0^m322 \times 8 = 2^m576 ; \quad \text{d'où} \quad S = 2^m576 \times 2^m = 5^m1520.$$

8. Cylindre droit, bases circulaires (fig. 8). On obtient la surface latérale du cylindre droit en multipliant sa circonférence par sa hauteur. D = 0m80 ; H = 2m ; on aura :

C=0m80 × R3,1416=2m513280 ; d'où S = 2m513280×2m=5m0265.

9. Cône droit, base circulaire (fig. 9). On obtient sa surface latérale en multipliant la circonférence de sa base par la longueur de la génératrice ou côté du cône, et en prenant la moitié du produit. D = 1m20 ; L = 2m48 ; on aura :

$$C = 1m20 \times 3,1416 = 3m769920 ;$$

$$d'où \quad S = \frac{3m\,769920 \times 2m\,48}{2} = 4m\,6747.$$

10. Pyramide droite, base pentagone (fig. 10). On obtient sa surface latérale en multipliant le contour de sa base par la longueur de l'apothème de l'un des côtés latéraux du solide, et en prenant la moitié du produit. A du polygone égale 0m78 ; L = 2m45 ; soit $ab \times 5 \times cd : 2$; on aura :

$$0m78 \times 5 = 3m90 ; \quad d'où \quad S = \frac{3m90 \times 2m45}{2} = 4m7775.$$

11. Pyramide droite, base hexagone (fig. 11). On obtient sa surface latérale en multipliant le contour de sa base par la longueur du côté latéral du solide et en prenant la moitié du produit. A=0m60 ; L = 2m46 ; on aura :

$$0m60 \times 6 = 3m60 ; \quad d'où \quad S = \frac{3m60 \times 2m46}{2} = 4m4280.$$

12. Pyramide droite, base octogone (fig. 12). On obtient sa surface latérale comme celle des pyramides précédentes. A = 0m50 ; L = 2m47 ; on aura :

$$0m50 \times 8 = 4m ; \quad d'où \quad S = \frac{4m \times 2m47}{2} = 4m94.$$

13. Sphère (fig. 13). On obtient sa surface en multipliant le carré du diamètre par le rapport 3,1416. D = 1m20 ; on aura :

1m20 × 1m20 = 1m4400 ; d'où S = 1m4400 × 3,1416 = 4m5239.

VOLUME DES SOLIDES OU CONTENANCE DES CORPS.

(SOLIDES DE LA PLANCHE 2.)

14. Hexaèdre ou cube (pl. 2, fig. 1). On obtient son volume en faisant le produit de l'un de ses côtés pris trois fois comme facteur. A = 1 ; on aura :

$$1m \times 1m \times 1m = 1m.$$

15. Parallélipède (fig. 2). On obtient son volume en multipliant la surface de sa base par la hauteur du solide. A $= 0^m708$; H $= 2^m$; on aura :

$$0^m708 \times 0^m708 = 0^m501264;$$

d'où Volume égale $0^m501264 \times 2^m = 1^m002528.$

16. Prisme bases triangles rectangles (fig. 3). On obtient son volume en multipliant la surface de sa base par la hauteur du prisme. H $= 2^m$; B $= ab \times cd : 2$; on aura :

$$\frac{1^m41 \times 0^m71}{2} = 0^m500550;$$ d'où V $= 0^m500550 \times 2^m = 1^m001100.$

17. Prisme bases triangles équilatéraux (fig. 4). On obtient son volume en multipliant la surface de sa base par la hauteur du solide. A $= 1^m076$; H $= 2^m$; soit $ab \times ab \times$ R des polygones $\times ac$; on aura :

$$1^m076 \times 1^m076 \times 0,4330 = 0^m501317;$$

d'où V $= 0^m501317 \times 2^m = 1^m002634.$

18. Prisme pentagonal (fig. 5). Le volume de ce prisme s'obtient comme les précédents. A $= 0^m54$; H $= 2^m$; soit $ab \times ab \times$ R $\times ac$; on aura :

$$0^m54 \times 0^m54 \times 1,7205 = 0^m50169780;$$

d'où V $= 0^m50169780 \times 2^m = 1^m003395.$

19. Prisme hexagonal (fig. 6). Son volume s'obtient comme celui des prismes précédents. A $= 0^m44$; H $= 2^m$; soit $ab \times ab \times$ R $\times ac$; on aura :

$$0^m44 \times 0^m44 \times 2,5981 = 0^m50299216;$$

d'où V $= 50299216 \times 2^m = 1^m005984.$

20. Prisme octogonal (fig. 7). On obtient son volume comme celui des prismes précédents. A $= 0^m322$; H $= 2^m$; R $= 4,8284$; on aura :

$$0^m322 \times 0^m322 \times 4,8284 = 0^m5006278256;$$

d'où V $= 0^m5006278256 \times 2^m = 1^m001255.$

21. Cylindre droit, bases circulaires (fig. 8). On obtient son volume en multipliant la surface de sa base par sa hauteur. D $= 0^m80$; H $= 2^m$; on aura :

S B $= 0^m80 : 2 = 0^m40 \times 0^m40 = 0^m1600 \times 3,1416 = 0^m502656;$

d'où V $= 0^m502656 \times 2^m = 1^m005312.$

22. Cône droit, base circulaire (fig. 9). On obtient son volume en multipliant la surface de sa base par le tiers de la hauteur du solide. D $= 1^m20$; H $= 2^m40$; on aura :

S B $= 1^m20 : 2 = 0^m60 \times 0^m60 = 0^m3600 \times 3,1416 = 1^m130976;$

d'où V $= 1^m130976 \times \dfrac{2^m40}{3} = 0^m904781.$

On obtient encore son volume en multipliant la surface de sa base par la hauteur du solide , et en divisant le produit par 3.

23. Pyramide droite, base pentagone (fig. 10). On obtient son volume en multipliant la surface de sa base par le tiers de la hauteur de la pyramide. $A = 0^m78$; $H = 2^m40$; $R = 1,7205$; on aura :

$$S B = 0^m78 \times 0^m78 \times 1,7205 = 1^m04675220 ;$$

$$\text{d'où} \quad V = 1^m04675220 \times \frac{2^m40}{3} = 0^m837402.$$

24. Pyramide droite, base hexagone (fig. 11). On obtient son volume comme celui de la précédente. $A = 0^m60$; $H = 2^m40$; $R = 2,5981$; on aura :

$$S B = 0^m60 \times 0^m60 \times 2,5981 = 0^m935316 ;$$

$$\text{d'où} \quad V = 0^m935316 \times \frac{2^m40}{3} = 0^m748253.$$

25. Pyramide droite, base octogone (fig. 12). On obtient son volume comme celui des pyramides qui précèdent. $A = 0^m50$; $H = 2^m40$; $R = 4,8284$; on aura :

$$S B = 0^m50 \times 0^m50 \times 4,8284 = 1^m2071 ;$$

$$\text{d'où} \quad V = 1^m2071 \times \frac{2^m40}{3} = 0^m965680.$$

26. Sphère (fig. 13). On obtient son volume en multipliant sa surface par le tiers du rayon ou le sixième du diamètre. $D = 1^m20$; on aura : $\quad S = 1^m20 \times 1^m20 \times 3,1416 = 4^m523904 ;$

$$\text{d'où} \quad V = 4^m523904 \times \frac{1^m20}{6} = 0^m904780.$$

Nota. — Le volume d'une sphère a pour mesure le produit du cube du rayon par le nombre constant 4,1888. Il est égal au cube du diamètre multiplié par le sixième du rapport 3,1416, ou par le nombre constant 0,5236. Dans le chapitre suivant, nous utiliserons ces divers moyens de calculer la sphère pour l'évaluation des principales parties solides qu'elle contient.

On peut énoncer les volumes qui précèdent en kilolitres, hectolitres, décalitres, litres, décilitres et centilitres, sachant que le mètre cube égale 1,000 litres, et le décimètre cube 1 litre.

SURFACE DES SOLIDES.

(SOLIDES DES PLANCHES 3 ET 4.)

27. Prisme droit hexagonal, tronqué (pl. 3, fig. 4). On obtient sa surface latérale en multipliant le contour de sa base par la hauteur moyenne du solide. La hauteur moyenne sera le total des trois arêtes ab, cd, ef, divisé par 3; soit $H M = 1^m 87 + 2^m + 2^m 13 = \dfrac{6^m}{3} = 2^m$; on aura : $E = 0^m 44 \times 6 = 2^m 64$; d'où $S = 2^m 64 \times 2^m = 5^m 2800$.

28. Cylindre droit, base circulaire, tronqué (fig. 5). La base supérieure présente une ellipse. On obtient sa surface latérale en multipliant la circonférence de sa base par sa hauteur moyenne. $D = 0^m 80$; $H M = 2^m$; on aura :

$$C = 0^m 80 \times 3,1416 = 2^m 513280 ;$$
$$\text{d'où} \quad S = 2^m 513280 \times 2^m = 5^m 0265.$$

29. Cylindre oblique, bases circulaires et parallèles (fig 6). On obtient sa surface latérale en multipliant la circonférence de sa base par la longueur du cylindre. $D = 0^m 80$; $L = 2^m 08$; on aura :

$$C = 0^m 80 \times 3,1416 = 2^m 513280 ;$$
$$\text{d'où} \quad S = 2^m 513280 \times 2^m 08 = 5^m 2276.$$

30. Cône droit, base circulaire à section parabolique, et tronqué à section parallèle à la base (décomposé) (fig. 7). On obtient la surface latérale de son tronc en multipliant la demi-somme des circonférences des bases par la longueur du côté latéral du tronc. $D B$ inférieure $= 1^m 20$; $D B$ supérieure $= 0^m 45$; $L = 1^m 55$; on aura :

$$C \text{ inférieure} = 1^m 20 \times 3.1416 = 3^m 76992 ;$$
$$C \text{ supérieure} = 0^m 45 \times 3,1416 = 1^m 41372 ;$$
$$\text{La demi-somme des bases} = \frac{3^m 76992 + 1^m 41372}{2} = 2^m 59182 ;$$
$$\text{d'où} \quad S = 2^m 59182 \times 1^m 55 = 4^m 0173.$$

31. Cône droit, base circulaire, à section hyperbolique et tronqué à section anti-parallèle à la base (décomposé) (fig. 7 + 1). On obtient la surface latérale de son tronc en multipliant la circonférence moyenne des bases par la longueur moyenne des côtés du tronc.

$$C\,M = 2^m59182\,;\ L\,M = \frac{a+b+c}{3}\,;$$

on aura : $1^m37 + 1^m51 + 1^m66 = \dfrac{4^m54}{3} = 1^m513\,;$

d'où $S = 2^m59182 \times 1^m513 = 3^m9214.$

32. **Cône droit, base circulaire, à section perpendiculaire à la base passant par le sommet du cône (décomposé) (fig. 7 + 2).** On obtient sa surface latérale comme celle du cône droit ordinaire ; et pour la section prendre la moitié du produit.

Les sections paraboliques et hyperboliques sont basées sur des considérations qui ne peuvent trouver place dans ces éléments.

33. **Cône oblique, base circulaire** (fig. 8). On obtient sa surface latérale en multipliant la circonférence de sa base par la longueur moyenne du côté latéral du cône, et en prenant la moitié du produit.

$$D\,B = 1^m20\,;$$

$L\,M = \dfrac{a+b+c}{3}\,;\ $ soit $2^m68 + 2^m54 + 2^m40 = \dfrac{7^m62}{3} = 2^m54\,;$

on aura : $C\,B = 1^m20 \times 3,1416 = 3^m769920\,;$

d'où $S = 3^m769920 \times 2^m54 = \dfrac{9^m57559680}{2} = 4^m7878.$

34. **Cône oblique, base circulaire, tronqué à section parallèle à la base (décomposé) (fig. 9).** On obtient la surface latérale de son tronc en multipliant la circonférence moyenne de ses bases par la longueur moyenne des côtés du tronc.

$$C\,M\ \text{(articles 30 et 31)} = 2^m59182\,;$$

$L\,M = \dfrac{a+b+c}{3}\,;\ $ soit $1^m66 + 1^m58 + 1^m50 = \dfrac{4^m74}{3} = 1^m58\,;$

d'où $S = 2^m59182 \times 1^m58 = 4^m0951\,;$

35. **Cône oblique, base circulaire, tronqué à section antiparallèle à la base (décomposé) (fig. 10).** On obtient la surface latérale de son tronc comme le précédent. $C\,M = 2^m59182\,;$

$L\,M = \dfrac{a+b+c}{3}\,;\ $ soit $1^m84 + 1^m36 + 1^m28 = \dfrac{4^m68}{3} = 1^m56\,;$

d'où $S = 2^m59182 \times 1^m56 = 4^m0432.$

36. **Pyramide d'angle, base quadrangulaire** (pl. 4, fig. 11). On

obtient sa surface latérale en réunissant en un même total le produit de la surface de chacune de ses faces.

Nota. — Pour abréger l'opération, on multipliera la base du triangle par sa hauteur, on réunira les sommes et l'on prendra la moitié du produit général.

$$\text{Les surfaces des triangles} = \frac{(ab \times ad \times 2) + (bc \times bd \times 2)}{2},$$

$$\text{Soit} \quad 1^m05 \times 2^m40 \times 2 = 5^m0400 ;$$
$$1^m05 \times 2^m62 \times 2 = 5^m5020 ;$$
$$\text{on aura :} \quad 5^m0400 + 5^m5020 = 10^m5420 ;$$

$$\text{d'où} \quad \text{S générale} = \frac{10^m5420}{2} = 5^m2710.$$

37. Pyramide obélisque, base quadrangulaire. (pl. 4. fig. 12). On obtient sa surface latérale en multipliant le contour moyen de ses bases par la longueur du côté latéral du solide. $EM = \frac{ab + cd}{2}$:

$$\text{soit} \quad \frac{0^m75 + 0^m65}{2} = 0^m70 \times 4 = 2^m80. \quad L = 2^m20 :$$

$$\text{d'où} \quad S = 2^m80 \times 2^m20 = 6^m1600.$$

S de la pyramide de couronnement, A = 0^m65, L = 0^m38 ; on aura : $\quad 0^m65 \times 4 = \dfrac{2^m60 \times 0^m38}{2} = 0^m4940$

$$\text{d'où} \quad \text{S générale} = 6^m1600 + 0^m4940 = 6^m6540.$$

38. Pyramide droite, base octogone, tronquée à section parallèle à la base (décomposée) (fig. 13). On obtient la surface latérale de son tronc en multipliant le contour moyen de ses bases par la longueur du côté latéral du solide.

$$EM = \frac{0^m50 + 0^m19}{2} = 0^m345 \times 8 = 2^m760 ; \quad L = 1^m55 ; \text{ on aura :}$$
$$S = 2^m760 \times 1^m55 = 4^m2780.$$

39. Pyramide droite, base octogone, tronquée à section anti-parallèle à la base (décomposée) (fig. 14). On obtient la surface latérale du tronc, en réunissant en un même total le produit de la surface de chacune de ses faces ; on obtient la surface d'une face du solide ou tronc, en multipliant la longueur moyenne du côté de ses bases par la longueur moyenne de la face latérale du tronc.

Les surfaces partielles égalent $a + (b \times 2) + (c \times 2) + (d \times 2) + e$;

on aura :

$$1^m 65 \times 0^m 35 = 0^m 5775,$$
$$1^m 63 \times 0^m 33 \times 2 = 1^m 0758,$$
$$1^m 53 \times 0^m 34 \times 2 = 1^m 0404,$$
$$1^m 42 \times 0^m 36 \times 2 = 1^m 0224,$$
$$1^m 36 \times 0^m 36 = 0^m 4896,$$

d'où S générale égale :

$$0^m 5775 + 1^m 0758 + 1^m 0404 + 1^m 0224 + 0^m 4896 = 4^m 2057.$$

40. Pyramide oblique, base pentagone (fig. 15). On obtient sa surface latérale comme celle du solide précédent ; les surfaces des triangles égalent : $\dfrac{(a \times 2) + (b \times 2) + c}{2}$;

soit

$$2^m 71 \times 0^m 71 \times 2 = 3^m 8482,$$
$$2^m 40 \times 0^m 78 \times 2 = 3^m 7440,$$
$$2^m 67 \times 0^m 78 = 2^m 0826,$$

on aura : $3^m 8482 + 3^m 7440 + 2^m 0826 = 9^m 6748,$

d'où   S générale $= \dfrac{9^m 6748}{2} = 4^m 8374.$

41. Pyramide oblique, base octogone, tronquée à section parallèle à la base (décomposée) (fig. 16). On obtient la surface latérale de son tronc de la même manière que pour la pyramide droite article 39.

42. Pyramide oblique, base octogone, tronquée à section anti-parallèle à la base (décomposée) (fig. 17). On obtient la surface latérale de son tronc de la même manière que pour la pyramide droite article 39.

43. Tétraèdre régulier (fig. 18). On obtient sa surface totale en multipliant par 4 le produit de l'une de ses faces. A $= 1^m 42$; R $= 0^m 4330$; on aura pour une face :

$$1^m 42 \times 1^m 42 \times 0^m 4330 = 0^m 87310120 ;$$
$$\text{d'où}\quad S = 0^m 87310120 \times 4 = 3^m 4924$$

44. Octaèdre régulier (fig. 19). On obtient sa surface totale en multipliant par 8 la superficie d'une de ses faces. A $= 1^m 24$; R $= 0^m 4330$; on aura pour une face :

$$1^m 24 \times 1^m 24 \times 0,4330 = 0^m 66578080 ;$$
$$\text{d'où}\quad S = 0^m 66578080 \times 8 = 5^m 3262.$$

45. Dodécaèdre régulier (décomposé) (fig. 20). On obtient sa surface totale en multipliant par 12 le produit d'une de ses faces. A = 0ᵐ47; R = 1,7205 ; on aura pour une face :

$$0^m 47 \times 0^m 47 \times 1,7205 = 0^m 38005845,$$
$$\text{d'où} \quad S = 0^m 38005845 \times 12 = 4^m 5607.$$

46. Icosaèdre régulier (décomposé) (fig. 21). On obtient sa surface totale en multipliant par 20 le produit d'une de ses faces. A = 0ᵐ68 ; R = 0ᵐ4330 ; on aura pour une face :

$$0^m 68 \times 0^m 68 \times 0,4330 = 0^m 20021920 ;$$
$$\text{d'où} \quad S = 0^m 20021920 \times 20 = 4^m 0044.$$

SPHÈRE, PRINCIPALES PARTIES DE SA SURFACE.

47. La zone (fig. 23). On obtient sa surface en multipliant sa hauteur par la circonférence d'un grand cercle. H = 0ᵐ20 ; D = 1ᵐ20 ; C du grand cercle égale 1ᵐ20 × 3,1416 = 3ᵐ76992 ;

$$\text{d'où} \quad S \text{ de la zone} = 3^m 76992 \times 0^m 20 = 0^m 7540.$$

48. La calotte sphérique (fig. 23). On obtient sa surface comme celle de la zone. Le grand cercle égale 3ᵐ76992; la hauteur de la calotte égale 0ᵐ15; on aura : S = 3ᵐ76992 × 0ᵐ15 = 0ᵐ5655.

49. Le fuseau sphérique (fig. 23). On obtient sa surface en multipliant le diamètre de la sphère par l'arc de grand cercle qui mesure l'angle du fuseau. D = 1ᵐ20 ; l'arc du grand cercle = 0ᵐ47124 ;

$$\text{d'où} \quad S = 1^m 20 \times 0^m 47124 = 0^m 5655.$$

50. On obtient encore la surface du **fuseau sphérique** en multipliant la surface de la sphère par le nombre de degrés de l'angle du fuseau et en divisant le produit par 360. S de la sphère égale 4ᵐ5239 ; le nombre de degrés égale 45 ; on aura :

$$S \text{ du fuseau} = 4^m 5239 \times 45 = \frac{203.5755}{360} = 0^m 5655.$$

VOLUME DES SOLIDES.

(SOLIDES DES PLANCHES 3 ET 4.)

51. Prisme triangulaire, décomposé en trois pyramides équivalentes en volume (pl. 3. fig. 3).

$$\text{La pyramide } a = B = \frac{1^m 41 \times 0^m 71}{2} = 0^m 500550 ; H = 2^m ;$$

$$\text{d'où son } V = \frac{0^m 500550 \times 2^{m^3}}{3} = 0^m 333700 ;$$

$$\text{la pyramide } b = B = \frac{0^m 500550 \times H\, 2^m}{3} = 0^m 333700 ;$$

$$\text{la pyramide } c = \frac{1^m 41 \times 2^m}{2} = \frac{1^m 41 \times H\, 0^m 71}{3} = 0^m 333700 ;$$

d'où V général $= 0^m 333700 + 0^m 333700 + 0^m 333700 = 1^m 001100.$

52. Prisme hexagonal tronqué (fig. 4). On obtient son volume en multipliant la surface de sa base par la hauteur moyenne du solide. $A = 0^m 44$; $H\,M = 2^m$; $R = 2,5981$; on aura :

$$S\,B = 0^m 44 \times 0^m 44 \times 2,5981 = 0^m 50299216 ;$$
$$\text{d'où} \quad V = 0^m 50299216 \times 2^m = 1^m 005984.$$

53. Cylindre droit, base circulaire, tronqué (fig. 5). On obtient son volume en multipliant la surface de sa base inférieure par la hauteur moyenne du solide. $D = 0^m 80$; $H\,M = 2^m$; on aura :

$$S\,B = 0^m 80 : 2 = 0^m 40 \times 0^m 40 = 0^m 1600 \times 3,1416 = 0^m 502656 ;$$
$$\text{d'où} \quad V = 0^m 502656 \times 2^m = 1^m 005312.$$

54. Cylindre oblique, bases circulaires et parallèles (fig. 6). On obtient son volume en multipliant la surface de sa base par la hauteur du solide. $D = 0^m 80$; $= H\, 2^m$; on aura :

$$S\,B = 0^m 80 : 2 = 0^m 40 \times 0^m 40 = 0^m 1600 \times 3,1416 = 0^m 502656 ;$$
$$\text{d'où} \quad V = 0^m 502656 \times 2^m = 1^m 005312.$$

55. Intérieur du tonneau (fig. 6 *bis*). On obtient son volume ou contenance comme celle d'un cylindre qui aurait pour hauteur celle de l'intérieur du tonneau, et pour diamètre celui du bouge diminué du tiers de la différence qui se trouve entre ce diamètre et celui du jable. D du bouge $= 1^m$; D du fond ou jable $= 0^m 85$; $H = 1^m 50$;

$$\text{Le tiers de la différence des deux } D = \frac{1^m - 0^m 85}{3} = 0^m 05 ;$$

D du tonneau $= 1^m - 0^m 05 = 0^m 95$; on aura :

$$0^m 95 : 2 = 0^m 475 \times 0^m 475 \times 3,1416 = 0^m 70882350 ;$$
$$\text{d'où} \quad V = 0^m 70882350 \times H\, 1^m 50 = 1^m 063235.$$

56. Cône droit, base circulaire, à section parabolique et tronqué à section parallèle à la base (décomposé) (fig. 7). On obtient le volume de son tronc en retranchant le volume de la partie supérieure. Le volume général $= 0^m 904781$;

La partie supérieure = D B = $0^m 45$; H = $0^m 90$; on aura :

$0^m 45 : 2 = 0^m 225 \times 0^m 225 \times 3,1416 = 0^m 15904350$;

d'où V supérieur = $0^m 15904350 \times \dfrac{0^m 90}{3} = 0^m 04771305$;

V du tronc = $0^m 904781 - 0^m 04771305 = 0^m 857068$.

On obtient encore le volume du tronc de cône à bases parallèles en faisant le carré du plus grand rayon, le carré du plus petit, le produit du plus grand par le plus petit, et ajoutant ces résultats, puis on multiplie cette somme par la hauteur du tronc et par le rapport de la circonférence au diamètre, enfin on prend le tiers du produit. Le grand rayon = $0^m 60$; le petit rayon = $0^m 225$; H = $1^m 50$; on aura :

Carré du grand rayon = $0^m 60 \times 0^m 60 = 0^m 360000$.

Carré du petit rayon = $0^m 225 \times 0^m 225 = 0^m 050625$.

Le produit des deux rayons = $0^m 60 \times 0^m 225 = 0^m 135000$.

La somme = $0^m 360000 + 0^m 050625 + 0^m 135000 = 0^m 545625$;

d'où V = $\dfrac{0^m 545625 \times 1^m 50 \times 3,1416}{3} = 0^m 857068$.

57. Cône droit, base circulaire, à section hyperbolique et tronqué anti-parallèle à la base (décomposé) (fig. 7 + 1). On obtient le volume de son tronc comme le précédent; la base de la section supérieure présente une ellipse. Le V général = $0^m 904781$.

D M de la section = $0^m 52$; H = $0^m 78$; on aura, pour la section supérieure :

$0^m 52 : 2 = 0^m 26 \times 0^m 26 \times 3,1416 = 0^m 21237216$;

d'où V = $0^m 21237216 \times \dfrac{0^m 78}{3} = 0^m 0552167716$;

V du tronc = $0^m 904781 - 0^m 0552167716 = 0^m 849565$.

58. Cône droit, base circulaire, à section perpendiculaire à la base passant par le sommet du cône (décomposé) (fig. 7 + 2). On obtient son volume entier comme le cône ordinaire, et pour la section on prend la demie du solide;

soit V = $0^m 904781 : 2 = 0^m 452390$.

59. Cône oblique, base circulaire (fig. 8). On obtient son volume en multipliant la surface de sa base par le tiers de la hauteur du solide. D = $1^m 20$; H = $2^m 40$; on aura :

$$S B = 1^m 20 : 2 = 0^m 60 \times 0^m 60 \times 3,1416 = 1^m 130976 ;$$

$$\text{d'où} \quad V = 1^m 130976 \times \frac{2^m 40}{3} = 0^m 904781.$$

60. Cône oblique, base circulaire, tronqué à section parallèle à la base (décomposé) (fig. 9). On obtient le volume de son tronc en retranchant le volume de la section supérieure; V général égale $0^m 904781$; la partie supérieure $= D B = 0^m 45$; $H = 0^m 90$; on aura : $0^m 45 : 2 = 0^m 225 \times 0^m 225 \times 3,1416 = 0^m 15904350$;

$$\text{d'où} \quad V \text{ supérieur} = 0^m 15904350 \times \frac{0^m 90}{3} = 0^m 04771305 ;$$

$$V \text{ du tronc} = 0^m 904781 - 0^m 04771305 = 0^m 857068.$$

61. Cône oblique, base circulaire, tronqué à section antiparallèle à la base (décomposé) (fig. 10). On obtient le volume de son tronc comme le précédent; la base de la section supérieure présente une ellipse. Le V général $= 0^m 904781$; la partie supérieure égale $D M = 0^m 49$; $H = 0^m 80$; on aura :

$$0^m 49 : 2 = 0^m 245 \times 0^m 245 \times 3,1416 = 0^m 18857454 ;$$

$$\text{d'où} \quad V \text{ supérieur} = 0^m 18857454 \times \frac{0^m 80}{3} = 0^m 050286 ;$$

$$V \text{ du tronc} = 0^m 904781 - 0^m 050286 = 0^m 854495.$$

62. Pyramide d'angle, base quadrangulaire (pl. 4, fig. 11). On obtient son volume en multipliant la surface de sa base par le tiers de la hauteur du solide. A $1^m 05$; $H = 2^m 40$; on aura :

$$1^m 05 \times 1^m 05 = 1^m 1025 ;$$

$$\text{d'où} \quad V = 1^m 1025 \times \frac{2^m 40}{3} = 0^m 882000.$$

63. Pyramide obélisque, base quadrangulaire (fig. 12). On obtient son volume en multipliant la surface de sa base moyenne par la hauteur du solide, moins la pyramide de couronnement.

$$B M = \frac{ab + cd}{2} ; \quad \text{soit} \quad \frac{0^m 75 + 0^m 65}{2} = 0^m 70 ;$$

$0^m 70 \times 0^m 70 = 0^m 4900$; $H = 2^m 20$; on aura :

$$0^m 4900 \times 2^m 20 = 1^m 078000.$$

La pyramide de couronnement égale :

$$0^m 65 \times 0^m 65 = 0^m 4225 \times \frac{H \; 0^m 21}{3} = 0^m 029575 ;$$

$$\text{d'où} \quad V \text{ général} = 1^m 078000 + 0^m 029575 = 1^m 107575.$$

64. Pyramide droite, base octogone, tronquée à section parallèle à la base (décomposée) (fig. 43). On obtient le volume de son tronc en retranchant le volume de la section supérieure. V général $=$ A $=$ 0m50 ; H $=$ 2m40 ; on aura :

$$0^m 50 \times 0^m 50 \times R\ 4,8284 = 1^m 2071 \ ;$$

d'où $\quad$ V $= 1^m 2071 \times \dfrac{2^m 40}{3} = 0^m 965680 \ ;$

V de la section $=$ A $=$ 0m19 ; H $=$ 0m90 ; on aura :

$$0^m 19 \times 0^m 19 \times R\ 4,8284 = 0^m 17430524 \ ;$$

d'où $\quad$ V $= 0^m 17430524 \times \dfrac{0^m 90}{3} = 0^m 052291 \ ;$

V du tronc $= 0^m 965680 - 0^m 052291 = 0^m 913389.$

65. Pyramide droite, base octogone, tronquée à section antiparallèle à la base (décomposée) (fig. 44). On obtient le volume de son tronc comme le précédent. Le V général égale 0m965680. La base de la section présente un polygone irrégulier ; on obtient sa surface en réunissant en un même total le produit des huit triangles formant l'ensemble de la base ; soit $a + (b \times 2) + (c \times 2) + (d \times 2) + e$. H de la section égale 0m78 ; les surfaces des triangles de la base égalent :

$$0^m 18 \times 0^m 24 = 0^m 0432,$$
$$0^m 25 \times 0^m 17 \times 2 = 0^m 0850,$$
$$0^m 28 \times 0^m 19 \times 2 = 0^m 1064,$$
$$0^m 33 \times 0^m 19 \times 2 = 0^m 1254,$$
$$0^m 32 \times 0^m 22 = 0^m 0704,$$

on aura :

$$0^m 0432 + 0^m 0850 + 0^m 1064 + 0^m 1254 + 0^m 0704 = 0^m 4304 \ ;$$

la surface de la base $= \dfrac{0^m 4304}{2} = 0^m 2152 \ ;$

d'où $\quad$ V de la section $= \dfrac{0^m 2152 \times 0^m 78}{3} = 0^m 055952.$

Le volume du tronc égale donc 0m 965680 — 0m 055952 = 0m 909728.

66. Pyramide oblique, base pentagone (fig. 15). On obtient son volume en multipliant la surface de sa base par le tiers de la hauteur du solide. A $=$ 0m78 ; H $=$ 2m40 ; R $=$ 1m7205 ; on aura :

$$0^m 78 \times 0^m 78 \times 1.7205 = 1^m 04675220 \ ;$$

d'où $\quad$ V $= 1^m 04675220 \times \dfrac{2^m 40}{3} = 0^m 837402.$

67. Pyramide oblique, base octogone, tronquée à section parallèle à la base (décomposée) (fig. 16). On obtient le volume de son tronc comme l'article 64 (fig. 13); étant de mêmes base et hauteur, le tronc égale $0^m913389$.

68. Pyramide oblique, base octogone, tronquée à section anti-parallèle à la base (décomposée) (fig. 17). On obtient le volume de son tronc en retranchant le volume de la section supérieure. V général égale $0^m965680$; la base de la section présente un polygone irrégulier; on obtient sa surface en réunissant en un seul total le produit des huit triangles formant l'ensemble de la base ; soit $a + (b \times 2) + (c \times 2) + (d \times 2) + e$; H de la section égale 0^m80; les surfaces des triangles de la base égalent :

$$0^m24 \times 0^m32 = 0^m0768,$$
$$0^m34 \times 0^m19 \times 2 = 0^m1292,$$
$$0^m28 \times 0^m18 \times 2 = 0^m1008,$$
$$0^m25 \times 0^m17 \times 2 = 0^m0850,$$
$$0^m17 \times 0^m22 = 0^m0374 ;$$

on aura :

$$0^m0768 + 0^m1292 + 0^m1008 + 0^m0850 + 0^m0374 = 0^m4292 ;$$

$$\text{la surface de la base} = \frac{0^m4292}{2} = 0^m2146 ;$$

$$\text{d'où le V de la section} = \frac{0^m2146 \times 0^m80}{3} = 0^m057226.$$

Le volume du tronc égale donc $0^m965680 - 0^m057226 = 0^m908454$.

Nota. — On obtient la hauteur totale d'un cône tronqué à bases parallèles, en multipliant la hauteur du tronc par le diamètre ou le rayon de la petite base et divisant le produit par la différence des diamètres ou des rayons des deux bases. — On opérera de même pour la pyramide, en se servant du côté des bases.

Exemple. — La hauteur totale du cône égale 2^m40 ; la hauteur du tronc égale 1^m50 ; la hauteur de la partie enlevée égale 0^m90. On aura pour preuve $1^m50 \times 0^m45 : 1^m20 - 0^m45 = 0^m90$, pour la partie supérieure manquant.

69. Tétraèdre régulier (fig. 18). On obtient son volume comme celui d'une pyramide triangulaire, en multipliant la surface d'un côté pris pour base, par le tiers de la hauteur du solide. $A = 1^m42$; $H = 1^m16$; $R = 0,4330$; on aura :

$$1^m42 \times 1^m42 \times 0,4330 = 0^m87310120 ;$$

$$\text{d'où} \quad V = 0^m87310120 \times \frac{1^m16}{3} = 0^m337599.$$

On obtient le volume d'un polyèdre régulier quelconque, en multipliant sa surface par le tiers du rayon de la sphère inscrite, car tout polyèdre régulier peut être décomposé en pyramides régulières qui ont leurs sommets au centre de la sphère inscrite au polyèdre et pour bases les faces du polyèdre.

70. Octaèdre régulier (fig. 19). On obtient son volume en multipliant sa surface par le tiers de la perpendiculaire menée de la base de la pyramide intérieure, au centre du polyèdre. A = 1^{m}24 ; la perpendiculaire égale 0^{m}50 ; R = 0,4330 ; on aura :

$$S = 1^m24 \times 1^m24 \times 0,4330 \times 8 = 5^m32624640 ;$$

$$\text{d'où} \quad V = 5^m32624640 \times \frac{0^m50}{3} = 0^m887708.$$

71. Dodécaèdre régulier (fig. 20). On obtient son volume comme le précédent. A = 0^{m}47 ; perpendiculaire = 0^{m}53 ; R = 1,7205 ; on aura : S = 0^{m}47 × 0^{m}47 × 1,7205 × 12 = 4^{m}56070440 ;

$$\text{d'où} \quad V = 4^m56070440 \times \frac{0^m53}{3} = 0^m805724.$$

72. Icosaèdre régulier (fig. 21). On obtient son volume comme les précédents. A = 0^{m}68 ; perpendiculaire = 0^{m}52 ; R = 0^{m}4330 ; on aura : S = 0^{m}68 × 0^{m}68 × 0,4330 × 20 = 4^{m}004384 ;

$$\text{d'où} \quad V = 4^m004384 \times \frac{0^m52}{3} = 0^m694093.$$

SPHÈRE, LES PRINCIPALES PARTIES DE SON VOLUME.

73. Le segment à deux bases (fig. 23), autrement dit le solide enveloppé par la zone. On obtient son volume en multipliant sa demi-hauteur par la somme de ses bases, et en ajoutant au produit le volume de la sphère qui aurait pour diamètre la hauteur du segment. D grande B = 1^{m}10 ; D petite B = 0^{m}80 ; H du segment = 0^{m}20 ; on aura : grande B = 1^{m}10 : 2 = 0^{m}55 × 0^{m}55 × 3,1416 = 0^{m}950334 ;

petite B = 0^{m}80 : 2 = 0^{m}40 × 0^{m}40 × 3,1416 = 0^{m}502656 ;

la sphère = 0^{m}20 × 0^{m}20 × 0^{m}20 × R 0,5236 = 0^{m}004189 ;

V du segment égale :

(0^{m}20 : 2 × 0^{m}950334 + 0^{m}502656) + (0^{m}004189) = 0^{m}149488.

74. Le segment extrême (fig. 23), ou le solide enveloppé par la calotte. On obtient son volume comme le précédent ; tout segment sphérique à une base peut être considéré comme compris entre deux plans parallèles dont l'un serait tangent à la sphère et présenterait une base nulle. D B = 0ᵐ 80 ; Il = 0ᵐ 15 ; on aura :

$$B = 0^m 80 \,\vdots\, 2 = 0^m 40 \times 0^m 40 \times 3,1416 = 0^m 502656.$$

la sphère = 0ᵐ 15 × 0ᵐ 15 × 0ᵐ 15 × R 0,5236 = 0ᵐ 000248.

V du segment = (0ᵐ 15 ⁚ 2 × 0ᵐ 502656) + (0ᵐ 000248) = 0ᵐ 037947.

75. Le coin ou onglet sphérique (fig. 23), ou le volume renfermé par la surface du fuseau. On obtient son volume en multipliant la surface du fuseau qui lui sert de base par le tiers du rayon de la sphère ; car le coin ou onglet peut être considéré comme composé d'une infinité de pyramides qui ont leurs sommets réunis au centre de l'angle tranchant du coin, et dont les bases composent le fuseau sphérique. S du fuseau = D de la sphère 1ᵐ 20 ; l'arc du grand cercle = 0ᵐ 47124 ; on aura : 1ᵐ 20 × 0ᵐ 47124 = 0ᵐ 565488 ;

$$\text{d'où} \quad V = 0^m 565488 \times \frac{1^m 20}{6} = 0^m 113097.$$

76. Le secteur sphérique (fig. 23). On obtient son volume en multipliant la surface de la calotte qui lui sert de base par le tiers du rayon ou le sixième du diamètre ; un secteur sphérique peut être considéré comme un cône qui a la calotte sphérique pour base. S de la calotte du secteur = D = 1ᵐ 20 ; Il de la calotte = 0ᵐ 18 ; on aura :

1ᵐ 20 × 3,1416 = 3ᵐ 76992 × 0ᵐ 18 = 0ᵐ 67858560 ;

$$\text{d'où} \quad V = 0^m 67858560 \times \frac{1^m 20}{6} = 0^m 135717.$$

SURFACES DES SOLIDES
(SOLIDES DES PLANCHES 5, 6, 7.)

77. Cylindre droit, bases elliptiques (pl. 5, fig. 1). On obtient sa surface latérale en multipliant le contour de sa base par la hauteur du solide. D M = 0ᵐ 80 ; H = 2ᵐ ; on aura :

C = 0ᵐ 80 × 3,1416 = 2ᵐ 513280 ;

d'où   S = 2ᵐ 513280 × 2ᵐ = 5ᵐ 0265.

78. Cylindre droit, bases ovoïdes (fig. 2). On obtient sa surface latérale en multipliant le contour de sa base par la hauteur du solide. D M - 0ᵐ 80 ; H = 2ᵐ ; on aura :

C = 0ᵐ 80 × 3,1416 = 2ᵐ 513280 ;

d'où   S = 2ᵐ 513280 × 2ᵐ = 5ᵐ 0265.

79. Cône droit, base elliptique (fig. 3). On obtient sa surface latérale en multipliant le contour de sa base par la longueur moyenne du côté, et en prenant la moitié du produit. E B = 3^m32 ;

$$LM = \frac{a+b+c}{3} \; ; \text{ soit } 2^m45 + 2^m46 + 2^m47 = \frac{7^m38}{3} = 2^m46 ;$$

$$\text{d'où} \quad S = \frac{3^m32 \times 2^m46}{2} = 4^m0836.$$

80. Cône droit, base ovoïde (fig. 4). On obtient sa surface latérale comme le précédent. E B = 3^m32 ; $LM = \frac{a+b+c+d+e+f}{6}$;

$$\text{soit } 2^m47 + 2^m46 + 2^m45 + 2^m46 + 2^m47 + 2^m48 = \frac{14^m79}{6} = 2^m465;$$

$$\text{d'où} \quad S = \frac{3^m32 \times 2^m465}{2} = 4^m0919.$$

81. Cône oblique sur le grand axe, base elliptique (fig. 5). On obtient sa surface latérale comme le précédent. E B = 3^m32 ;

$$LM = \frac{a+b+c+d+e+f}{6} \; ;$$

$$\text{soit } 2^m37 + 2^m56 + 2^m54 + 2^m49 + 2^m43 + 2^m41 = \frac{15^m}{6} = 2^m50 :$$

$$\text{d'où} \quad S = \frac{3^m32 \times 2^m50}{2} = 4^m1500.$$

82. Cône oblique sur le petit axe, base elliptique (fig. 6). On obtient sa surface latérale comme le précédent. E B = 3^m32 ;

$$LM = \frac{a+b+c+d+e+f}{6} \; ;$$

$$\text{soit } 2^m68 + 2^m63 + 2^m56 + 2^m48 + 2^m44 + 2^m41 = \frac{15^m20}{6} = 2^m53 ;$$

$$\text{d'où} \quad S = \frac{3^m32 \times 2^m53}{2} = 4^m1998.$$

83. Cône oblique sur le grand axe, base ovoïde (fig. 7). On obtient sa surface latérale comme le précédent. E B = 3^m32 ;

$$LM = \frac{a+b+c+d+e+f+g+h+i+j+k+l}{12} \; ;$$

$$\text{soit } 2^m58 + 2^m56 + 2^m55 + 2^m50 + 2^m45 + 2^m41 + 2^m41 + 2^m44 + 2^m49 + 2^m54 + 2^m57 + 2^m58 = \frac{30^m08}{12} = 2^m5066;$$

$$\text{d'où} \quad S = \frac{3^m32 \times 2^m5066}{2} = 4^m1609.$$

84. Cône oblique sur le petit axe, base ovoïde (fig. 8). On obtient sa surface latérale comme le précédent. E B $= 3^m 32$;

$$L M = \frac{a + b + c + d + e + f}{6} \; ; \quad \text{soit :}$$

$$2^m 68 + 2^m 63 + 2^m 56 + 2^m 48 + 2^m 43 + 2^m 40 = \frac{15^m 18}{6} = 2^m 53 ;$$

$$\text{d'où} \quad S = \frac{3^m 32 \times 2^m 53}{2} = 4^m 1998.$$

85. Cône oblique sur l'axe moyen opposé au petit axe, base ovoïde (fig. 9). On obtient sa surface latérale comme le précédent.

$$E B = 3^m 32 ; L M = \frac{a + b + c + d + e + f}{6} \; ; \quad \text{soit :}$$

$$2^m 67 + 2^m 61 + 2^m 54 + 2^m 48 + 2^m 44 + 2^m 41 \; \frac{15^m 15}{6} = 2^m 525 ;$$

$$\text{d'où} \quad S = \frac{3^m 32 \times 2^m 525}{2} = 4^m 1915.$$

86. Pyramide droite, base octogone, circonscrite dans une ellipse (fig. 10). On obtient sa surface latérale en réunissant en un seul total le produit de chacune de ses faces latérales ; A $= 0^m 45$;

$$S \text{ partielles} = (a \times 2) + (b \times 4) + (c \times 2) ;$$

$$\text{soit} \quad 0^m 45 \times 2^m 48 \times 2 = 2^m 2320 ;$$
$$0^m 45 \times 2^m 46 \times 4 = 4^m 4280 ;$$
$$0^m 45 \times 2^m 45 \times 2 = 2^m 2050 ;$$

on aura : $\quad 2^m 2320 + 4^m 4280 + 2^m 2050 = 8^m 8650 ;$

$$\text{d'où} \quad S \text{ générale} = \frac{8^m 8650}{2} = 4^m 4325.$$

87. Pyramide droite, base heptagone, circonscrite dans un ove (fig. 11). On obtient sa surface latérale comme la précédente. A $= 0^m 49$;

$$S \text{ partielles} = (a \times 2) + (b \times 2) + (c \times 2) + d ;$$

$$\text{soit} \quad 0^m 49 \times 2^m 46 \times 2 = 2^m 4108 ;$$
$$0^m 49 \times 2^m 45 \times 2 = 2^m 4010 ;$$
$$0^m 49 \times 2^m 46 \times 2 = 2^m 4108 ;$$
$$0^m 49 \times 2^m 47 \quad = 1^m 2103 ;$$

on aura : $\quad 2^m 4108 + 2^m 4010 + 2^m 4108 + 1^m 2103 = 8^m 4329 ;$

$$\text{d'où} \quad S \text{ générale} = \frac{8^m 4329}{2} = 4^m 2164.$$

88. Pyramide droite, base octogone, circonscrite dans un ove (fig. 12). On obtient sa surface latérale comme la précédente.
$A = 0^m 40$;

$$S \text{ partielles} = (a \times 2) + (b \times 2) + (c \times 2) + (d \times 2) ;$$

soit $\quad 0^m 40 \times 2^m 46 \times 2 = 1^m 9680$;

$\qquad 0^m 40 \times 2^m 44 \times 2 = 1^m 9520$;

$\qquad 0^m 40 \times 2^m 44 \times 2 = 1^m 9520$;

$\qquad 0^m 40 \times 2^m 45 \times 2 = 1^m 9600$;

on aura : $\quad 1^m 9680 + 1^m 9520 + 1^m 9520 + 1^m 9600 = 7^m 8320$;

d'où $\quad S \text{ générale} = \dfrac{7^m 8320}{2} = 3^m 9160.$

89. Pyramide oblique, base octogone, circonscrite dans une ellipse (pl. 6, fig. 13). On obtient sa surface latérale comme la précédente.

$$S \text{ partielles} = a + (b \times 2) + (c \times 2) + (d \times 2) + e ;$$

soit $\quad 0^m 45 \times 2^m 26 \qquad = 1^m 0170$;

$\qquad 2^m 33 \times 0^m 44 \times 2 = 2^m 0504$;

$\qquad 2^m 44 \times 0^m 425 \times 2 = 2^m 0740$;

$\qquad 2^m 56 \times 0^m 425 \times 2 = 2^m 1760$;

$\qquad 0^m 45 \times 2^m 55 \qquad = 1^m 1475$;

on aura : $1^m 0170 + 2^m 0504 + 2^m 0740 + 2^m 1760 + 1^m 1475 = 8^m 4649$;

d'où $\quad S \text{ générale} = \dfrac{8^m 4649}{2} = 4^m 2324.$

90. Pyramide oblique, base octogone, circonscrite dans un ove (fig. 14). On obtient sa surface latérale comme la précédente.

$$S \text{ partielles} = (a \times 2) + (b \times 2) + (c \times 2) + d \times 2 ;$$

soit $\quad 2^m 68 \times 0^m 39 \times 2 = 2^m 0904$;

$\qquad 2^m 61 \times 0^m 38 \times 2 = 1^m 9836$;

$\qquad 2^m 52 \times 0^m 39 \times 2 = 1^m 9656$;

$\qquad 2^m 44 \times 0^m 40 \times 2 = 1^m 9520$;

on aura : $\quad 2^m 0904 + 1^m 9836 + 1^m 9656 + 1^m 9520 = 7^m 9916.$

d'où $\quad S \text{ générale} = \dfrac{7^m 9916}{2} = 3,9958.$

91. Dodécaèdre ellipsoïde (pl. 6, fig. 15). On obtient sa surface en réunissant en un seul total le produit de la surface des faces du solide.

$$S \text{ partielles} = S \, a \times 10 ; \quad S \, b \times 2 ;$$

Soit   S a = 0ᵐ42 × 0ᵐ41 . . . = 0ᵐ1722 ;

$$0^m 50 \times 0^m 32 \times 2 = 0^m 3200 ;$$
$$0^m 47 \times 0^m 28 \times 2 = 0^m 2632.$$

On aura :

$$0^m 1722 + 0^m 3200 + 0^m 2632 = \frac{0^m 7554}{2} = 0^m 3777 \times 10 = 3^m 7770.$$

S b = 0ᵐ42 × 0ᵐ42 × R 1,7205 = 0ᵐ303496 × 2 = 0ᵐ6069 ;

d'où   S du solide = 3ᵐ7770 + 0ᵐ6069 = 4ᵐ3839.

92. Dodécaèdre ovoïde (fig. 16). On obtient sa surface comme la précédente :

S partielles = S a × 6 ; S b × 1 ; S c × 5 ;

Soit :

S a = 0ᵐ47 × 0ᵐ47 × R 1,7205 = 0ᵐ38005845 × 6 = 2ᵐ28035070

S b = 0ᵐ37 × 0ᵐ37 × R 1,7205 × 1 . . . . = 0ᵐ23553645

S c = 0ᵐ37 × 0ᵐ51 . . . = 0ᵐ1887 ;

$$0^m 67 \times 0^m 33 \times 2 = 0^m 4422 ;$$
$$0^m 47 \times 0^m 32 \times 2 = 0^m 3008 ;$$

On aura pour S c :

$$0^m 1887 + 0^m 4422 + 0^m 3008 = \frac{0^m 9317}{2} = 0^m 465850 \times 5 = 2^m 32925000$$

d'où surface du solide égale :

$$2^m 28035070 + 0^m 23553645 + 2^m 32925000 = 4^m 8451.$$

93. Icosaèdre ellipsoïde (fig. 17). On obtient sa surface comme la précédente ; les 20 triangles isocèles de ses faces sont égaux ; on aura pour une face : $\dfrac{0^m 57 \times 0^m 61}{2} = 0^m 173850$;

d'où   S = 0ᵐ173850 × 20 = 3ᵐ4770.

94. Icosaèdre ovoïde (fig. 18). On obtient sa surface comme la précédente :

S partielles = S a × 5 ; S b × 10 ; S c × 5 ;

Soit   S a = $\dfrac{0^m 60 \times 0^m 70}{2}$ = 0ᵐ21 × 5 . . = 1ᵐ0500 ;

S b = $\dfrac{0^m 60 \times 0^m 56}{2}$ = 0ᵐ1680 × 10 = 1ᵐ6800 ;

S c = $\dfrac{0^m 60 \times 0^m 50}{2}$ = 0ᵐ15 × 5 . . = 0ᵐ7500 ;

d'où S du solide = 1ᵐ0500 + 1ᵐ6800 + 0ᵐ7500 = 3ᵐ4800.

95. Groupe de solides à un seul sommet (fig. 19). On obtient sa surface latérale en réunissant en un seul total le produit de la surface de chaque solide pris séparément, et opérant comme pour la pyramide irrégulière. Les solides a, a, réunis, soit D B $= 0^m 74$; L M $= 2^m 52$; on aura : $0^m 74 \times 3,1416 = 2^m 324784 \times 2^m 52 = 5^m 85845568$;

$$\text{d'où } \; S \, a, a = \frac{5^m 85845568}{2} \dots \dots = 2^m 92972784.$$

$$\text{Le solide } b = \frac{2^m 50 \times 0^m 16}{2} = 0^m 20 \times 2 = 0^m 4000 ;$$

$$\frac{2^m 53 \times 0^m 30}{2} = 0^m 3795 \times 2 = 0^m 7590 ;$$

$$\frac{0^m 30 \times 2^m 53}{2} \dots \dots \dots = 0^m 3795 ;$$

$$\text{d'où S } b = 0^m 4000 + 0^m 7590 + 0^m 3795 = 1^m 53850000.$$

$$\text{Le solide } c = \frac{2^m 50 \times 0^m 16}{2} = 0^m 20 \times 2 = 0^m 4000 ;$$

$$\frac{2^m 59 \times 0^m 50}{2} = 0^m 6475 \times 2 = 1^m 2950 ;$$

$$\text{d'où S } c = 0^m 4000 + 1^m 2950 \dots \dots = 1^m 69500000.$$

La surface générale du solide égale :

$$2^m 92972784 + 1^m 53850000 + 1^m 69500000 = 6^m 1632.$$

Groupe de solides fig. 20, ainsi que les *solides fig. 22, 23, 24*.— On obtient leur surface comme celle des solides du groupe précédent, fig. 19.

96. Dodécaèdre sphérique étoilé (pl. 7, fig. 25). On obtient sa surface générale en multipliant par 12 la surface d'une de ses pyramides. On aura pour une pyramide :

$$\frac{0^m 32 \times 0^m 42}{2} \times 3 = 0^m 3360 ;$$

$$\text{d'où } \; S \text{ générale} = 0^m 3360 \times 12 = 4^m 0320$$

97. Icosaèdre sphérique étoilé (fig. 26). On obtient sa surface comme celle du solide précédent, en multipliant par 20 la surface d'une pyramide. On aura pour une pyramide :

$$\frac{0^m 44 \times 0^m 38}{2} \times 3 = 0^m 2508 ;$$

$$\text{d'où } \; S \text{ générale } = 0^m 2508 \times 20 = 5^m 0160.$$

VOLUME DES SOLIDES.

(SOLIDES DES PLANCHES 5, 6 ET 7.)

98. Cylindre droit, bases elliptiques (pl. 5, fig. 1). On obtient son volume en multipliant la surface de sa base par la hauteur du solide. D M $= 0^m 80$; H $= 2^m$; on aura :

$$S B = 0^m 80 \, \dot{\cdot}\, 2 = 0^m 40 \times 0^m 40 \times 3,1416 = 0^m 502656;$$
$$\text{d'où} \quad V = 0^m 502656 \times 2^m = 1^m 005312.$$

99. Cylindre droit, bases ovoïdes (fig. 2). On obtient son volume comme le précédent. D M $= 0^m 80$; H $= 2^m$; on aura :

$$S B = 0^m 80 \, \dot{\cdot}\, 2 = 0^m 40 \times 0^m 40 \times 3,1416 = 0^m 502656;$$
$$\text{d'où} \quad V = 0^m 502656 \times 2^m = 1^m 005312.$$

100. Cône droit, base elliptique (fig. 3). On obtient son volume en multipliant la surface de sa base par le tiers de la hauteur du solide. D M $= 1^m 0568$; H $= 2^m 40$; on aura :

$$SB = 1^m 0568 \, \dot{\cdot}\, 2 = 0^m 5284 \times 0^m 5284 \times 3,1416 = 0^m 877155328896;$$
$$\text{d'où} \quad V = 0^m 877155328896 \times \frac{2^m 40}{3} = 0^m 701724.$$

On obtient le diamètre moyen de la base du solide en divisant son contour, $3^m 32$, par $3,1416$; on aura $1^m 0568$.

Les solides des figures 4, 5, 6, 7, 8 et 9, étant de même base et de même hauteur, leur volume est égal à celui du solide fig. 3.

101. Pyramide droite, base octogone, circonscrite dans une ellipse (fig. 10). On obtient son volume en multipliant la surface de sa base par le tiers de la hauteur du solide. A $= 0^m 45$; H $= 2^m 40$. La base présente un polygone irrégulier, quoique symétrique; on obtient sa surface en réunissant en un seul total le produit des triangles dont la base est composée:

$$\text{Soit} \quad a = \frac{0^m 45 \times 0^m 60}{2} \times 2 = 0^m 2700;$$
$$b = \frac{0^m 45 \times 0^m 52}{2} \times 4 = 0^m 4680;$$
$$c = \frac{0^m 45 \times 0^m 47}{2} \times 2 = 0^m 2115.$$

On aura : $S B = 0^m 2700 + 0^m 4680 + 0^m 2115 = 0^m 9495;$
$$\text{d'où} \quad V = 0^m 9495 \times \frac{2^m 40}{3} = 0^m 759600.$$

102. Pyramide droite, base heptagone, circonscrite dans un ove (fig. 11). On obtient son volume comme celui de la pyramide précédente. $A = 0^m 49$; $H = 2^m 40$. La base présente un polygone irré-gulier. La surface de la base égale $a + (b \times 2) + (c \times 2) + (d \times 2)$; soit :

$$a = \frac{0^m 49 \times 0^m 61}{2} \ldots = 0^m 149450 ;$$

$$b = \frac{0^m 49 \times 0^m 52}{2} \times 2 = 0^m 254800 ;$$

$$c = \frac{0^m 49 \times 0^m 43}{2} \times 2 = 0^m 210700 ;$$

$$d = \frac{0^m 49 \times 0^m 46}{2} \times 2 = 0^m 225400 ;$$

on aura :

$$S\,B = 0^m 149450 + 0^m 254800 + 0^m 210700 + 0^m 225400 = 0^m 840350 ;$$

$$\text{d'où} \quad V = 0^m 840350 \times \frac{2^m 40}{3} = 0^m 672280.$$

103. Pyramide droite, base octogone, circonscrite dans un ove (fig. 12). On obtient son volume comme celui des pyramides pré-cédentes. $A = 0^m 40$; $H = 2^m 40$; la surface de la base égale :

$$(a \times 2) + (b \times 2) + (c \times 2) + (d \times 2);$$

soit :

$$a = \frac{0^m 40 \times 0^m 54}{2} \times 2 = 0^m 2160 ;$$

$$b = \frac{0^m 40 \times 0^m 45}{2} \times 2 = 0^m 1800 ;$$

$$c = \frac{0^m 40 \times 0^m 42}{2} \times 2 = 0^m 1680 :$$

$$d = \frac{0^m 40 \times 0^m 48}{2} \times 2 = 0^m 1920 ;$$

on aura : $S\,B = 0^m 2160 + 0^m 1800 + 0^m 1680 + 0^m 1920 = 0^m 7560 ;$

$$\text{d'où} \quad V = 0^m 7560 \times \frac{2^m 40}{3} = 0^m 604800.$$

104. Pyramide oblique, base octogone, circonscrite dans une ellipse (pl. 6, fig. 13). On obtient son volume comme pour les pyra-mides précédentes. La surface de sa base et la hauteur du solide égalent celles de la pyramide droite art. 104 (pl. 5, fig. 10), soit :

$$0^m 9495 \times \frac{2^m 40}{3} = 0^m 759600.$$

105. Pyramide oblique, base octogone, circonscrite dans un ove (fig. 14). On obtient son volume comme celui des pyramides précédentes. La hauteur du solide et la surface de sa base égalent celles de la pyramide droite art. 103 (fig. 12), soit :

$$0^m 7560 \times \frac{2^m 40}{3} = 0^m 604800.$$

106. Dodécaèdre ellipsoïde (fig. 15). On obtient son volume en réunissant en un seul total le produit des pyramides intérieures composant l'ensemble du solide. On obtient le volume des pyramides intérieures comme celui des pyramides ordinaires, et pour cela on se sert des pyramides en nature jointes au solide. (Ces pyramides sont la reproduction exacte de l'intérieur du solide.)

La pyramide $a \times 10$; H $= 0^m 48$. La pyramide $b \times 2$; H $= 0^m 59$.

S B a (voir art. 91, fig. 15) $= 0^m 3777$;

d'où V $= 0^m 3777 \times \dfrac{0^m 48}{3} = 0^m 060432 \times 10 = 0^m 604320.$

S B $b = 0^m 303496$;

d'où V $= 0^m 303496 \times \dfrac{0^m 59}{3} = 0^m 05968754 \times 2 = 0^m 119375.$

d'où V du solide $= 0^m 604320 + 0^m 119375 = 0^m 723695.$

107. Dodécaèdre ovoïde (fig. 16). On obtient son volume comme le précédent. La pyramide $a \times$ par 6 ; H $= 0^m 53$. La pyramide $b \times 1$; H $= 0^m 69$. La pyramide $c \times 5$; H $= 0^m 52$. Pour les bases, voir art. 92, fig. 16. On aura : S B $a = 0^m 38005845$;

d'où V $= 0^m 38005845 \times \dfrac{0^m 53}{3} \times 6 = 0^m 4028619570.$

S B $b = 0^m 23553645$;

d'où V $= 0^m 23553645 \times \dfrac{0^m 69}{3} \times 1 = 0^m 0541733830.$

S B $c = 0^m 465850$;

d'où V $= 0^m 465850 \times \dfrac{0^m 52}{3} \times 5 = 0^m 4037366660$;

d'où V du solide égale :

$0^m 4028619570 + 0^m 0541733830 + 0^m 4037366660 = 0^m 860772.$

108. Icosaèdre ellipsoïde (fig. 17). On obtient son volume comme les précédents. La pyramide $a \times 10$; H $= 0^m 45$. La pyramide $b \times 10$; H $= 0^m 50$.

On aura : $SB\,a = \dfrac{0^{m}57 \times 0^{m}61}{2} = 0^{m}173850$;

d'où $V = 0^{m}173850 \times \dfrac{0^{m}45}{3} \times 10 = 0^{m}260775$.

$$SB\,b = 0^{m}173850 ;$$

d'où $V = 0^{m}173850 \times \dfrac{0^{m}50}{3} \times 10 = 0^{m}289750$;

d'où   V du solide $= 0^{m}260775 + 0^{m}289750 = 0^{m}550525$.

109. Icosaèdre ovoïde (fig. 18). On obtient son volume comme les précédents. La pyramide $a \times 5$; $H = 0^{m}51$. La pyramide $b \times 10$; $H = 0^{m}48$. La pyramide $c \times 5$; $H = 0^{m}45$.

On aura : $SB\,a = \dfrac{0^{m}60 \times 0^{m}70}{2} = 0^{m}21$;

d'où $V = \dfrac{0^{m}21 \times 0^{m}51}{2} \times 5 = 0^{m}1785$.

$$SB\,b = \dfrac{0^{m}60 \times 0^{m}56}{2} = 0^{m}168 ;$$

d'où $V = \dfrac{0^{m}168 \times 0^{m}48}{3} \times 10 = 0^{m}2688$.

$$SB\,c = \dfrac{0^{m}60 \times 0^{m}50}{2} = 0^{m}15 ;$$

d'où $V = \dfrac{0^{m}15 \times 0^{m}45}{3} \times 5 = 0^{m}1125$;

d'où le V du solide $= 0^{m}1785 + 0^{m}2688 + 0^{m}1125 = 0^{m}559800$.

110. Groupe de solides formant un seul sommet (fig. 19). On obtient son volume en multipliant la surface réunie des bases des solides par le tiers de la hauteur dudit solide. $H = 2^{m}40$;

$S\,a$, a réunies $=$ rayon $0^{m}37$; on aura :

$$0^{m}37 \times 0^{m}37 \times 3,1416 = 0^{m}43008504.$$

Les parties triangulaires réunies égalent :

$$0^{m}74 \times 0^{m}37. \ldots \ldots = 0^{m}27380000$$

d'où $SB\,a\,a = 0^{m}43008504 + 0^{m}27380000 = 0^{m}70388504$.

$SB\,b$, deux triangles ensemble :

$$0^{m}64 \times 0^{m}09 = 0^{m}0576 ;$$

Deux autres triangles ensemble :

$$0^{m}75 \times 0^{m}25 = 0^{m}1875 ;$$

Triangle central :

$$\frac{0^m 30 \times 0^m 74}{2} = 0^m 1110 ;$$

d'où S B b = $0^m 0576 + 0^m 1875 + 0^m 1110 = 0^m 35610000$.

S B c, deux triangles ensemble :

$$0^m 64 \times 0^m 09 = 0^m 0576 ;$$

Deux autres triangles ensemble :

$$0^m 88 \times 0^m 36 = 0^m 3168 ;$$

d'où S B $c = 0^m 0576 + 0^m 3168 \ldots \ldots = 0^m 37440000$.

Surface générale de la base égale :

$$0^m 70388504 + 0^m 35610000 + 0^m 37440000 = 1^m 43438504 ;$$

d'où V $= 1^m 43438504 \times \dfrac{2^m 40}{3} = 1^m 147508$.

111. Groupe de solides formant cinq sommets (fig. 20). On obtient son volume général comme le précédent, mais en observant qu'il reste 4 pyramides partant à 0 mèt. de la base du solide et ayant 0 mèt. 15 cent. de hauteur au sommet; la base de ces pyramides présente un triangle isocèle de 0 mèt. 74 cent. de base, et 2 mèt. 42 cent. de hauteur. Il résulte de cette observation qu'il faut ajouter au volume principal le volume des 4 pyramides, et on aura l'ensemble.

112. Tas de pierres cassées ou de cailloux (pl. 6, fig. 21). Ce solide présente la forme d'un pétrin ou d'un bateau plat renversés ; ses deux bases sont des rectangles, et ses côtés des trapèzes symétriques. On obtient son volume en prenant la longueur moyenne des bases du grand trapèze, la longueur moyenne des bases du petit trapèze; on fait ensuite le produit des deux moyennes l'une par l'autre, et on multiplie le résultat par la hauteur du solide ; puis on ajoute à ce produit le volume de la pyramide d'angle qui a pour base un carré dont le côté égale la longueur comprise entre l'extrémité de la base inférieure de l'un des trapèzes et la perpendiculaire abaissée du sommet.

Le grand trapèze égale : B inférieure, $2^m 25$; B supérieure, $1^m 35$.

Le petit trapèze égale : B inférieure, $1^m 35$; B supérieure, $0^m 45$.

La hauteur du solide égale $0^m 45$.

La pyramide égale : côté de la base, $0^m 45$; hauteur, $0^m 45$.

Soit L M du grand trapèze $= \dfrac{2^m 25 + 1^m 35}{2} = 1^m 80 ;$

L M du petit trapèze $= \dfrac{1^m 35 + 0^m 45}{2} = 0^m 90 ;$

On aura : $1^m 80 \times 0^m 90 = 1^m 62$;

d'où $V = 1^m 62 \times 0^m 45 = 0^m 729000$.

La pyramide d'angle $= 0^m 45 \times 0^m 45 \times \dfrac{0^m 45}{3} = 0^m 030375$.

Le V général du solide $= 0^m 729000 + 0^m 030375 = 0^m 759375$.

(Les moyens employés ci-dessus pour l'évaluation de ce solide simplifient l'opération, en ce sens que l'auteur met de côté l'emploi de la racine carrée, comme étant en dehors des cours élémentaires.)

L'évidence du raisonnement de ce problème est basée sur l'équivalence de la décomposition, en neuf parties, de ce solide, démontrée comme suit : a, équarri central ; b, deux talus des côtés ; c, deux talus des bouts ; d, quatre pyramides d'angle. Il se recompose en deux parties : 1° en un parallélipipède rectangle, 2° en une pyramide d'angle. Le parallélipipède est composé de : a, équarri central ; b, talus des côtés ; c, talus des bouts ; d, trois pyramides. On aura pour le parallélipipède $1^m 80 \times 0^m 90 \times 0^m 45 = 0^m 7290$; plus la pyramide restante, $0^m 45 \times 0^m 45 \times \dfrac{0^m 45}{3} = 0^m 030375$;

d'où le volume $= 0^m 7290 + 0^m 030375 = 0^m 759375$.

On obtient encore son volume en mesurant séparément la partie centrale $c a c$, formant un trapèze symétrique, puis réunissant les deux talus d, b, d, que l'on évaluera comme un prisme triangulaire, de la même manière qu'il va être démontré pour la figure suivante (21 *bis*).

113. Tas de pierres cassées à sommet (fig. 21 *bis*). On obtient son volume, comme celui d'un prisme triangulaire oblique et tronqué, en multipliant la surface de sa base coupée suivant le plan $a\,b$, par le tiers de la somme des trois lignes menées sur le milieu des trois côtés latéraux du solide.

Soit $L M = 1^m 91 + 1^m 91 + 2^m 36 = \dfrac{6^m 18}{3} = 2^m 06$;

$S B = 0^m 90 \times \dfrac{0^m 45}{2} = 0^m 2025$;

On aura : $V = 0^m 2025 \times 2^m 06 = 0^m 417150$.

On obtient encore son volume en l'évaluant en deux parties : 1° faisant passer un plan aux sommets c et d, parallèle à $a\,b$, on aura un prisme triangulaire droit ; 2° réunissant les deux extrémités retranchées, on obtiendra une pyramide à base quadrangulaire, et en réunissant le produit des deux sections, on aura exactement l'ensemble.

On aura pour le prisme : $SB = 0^m2025 \times H\ 1^m46 = 0^m295650$.

Pour la pyramide on aura : $SB = 0^m90 \times 0^m90 = 0^m8100$;

D'où V de la pyramide $= 0^m8100 \times \dfrac{H\ 0^m45}{3} = 0^m121500$;

D'où V général $= 0^m295650 + 0^m121500 = 0^m417150$.

Les figures 22, 23, 24. — On obtient leur volume comme celui d'une pyramide ordinaire, en multipliant la surface de la base par le tiers de la hauteur du solide.

114. Dodécaèdre sphérique étoilé (pl. 7, fig. 25). On obtient son volume en multipliant par 24 le produit d'une pyramide ; car la pyramide extérieure égale en volume la pyramide intérieure. On aura pour une pyramide : $SB = 0^m32 \times 0^m32 \times R\ 1,7205 = 0^m17617920$;

d'où $V = 0^m17617920 \times \dfrac{H\ 0^m35}{3} \times 24 = 0^m493302$.

115. Icosaèdre sphérique étoilé (fig. 26). On obtient son volume comme le précédent. $SB = 0^m44 \times 0^m44 \times R\ 0,4330 = 0^m08382880$;

d'où $V = 0^m08382880 \times \dfrac{H\ 0^m35}{3} \times 40 = 0^m391201$.

VOLUME DES ENVELOPPES DES SOLIDES.

116. On obtient le volume d'une **enveloppe cylindrique** en multipliant la surface de la couronne qui lui sert de base par la hauteur du cylindre.

117. Le volume d'une **enveloppe conique** est la différence qui existe entre le volume du cône principal et celui du petit cône qui serait construit sur la circonférence concentrique de la base, et dont la génératrice serait parallèle à celle du grand cône.

Le volume du grand cône égale. . . . . $0^m904781$.

Le petit cône $=$ Rayon de la base, 0^m40 ; $H\ 1^m59$; on aura : $0^m40 \times 0^m40 \times 3,1416 = 0^m502656$;

d'où $V = 0^m502656 \times \dfrac{1^m59}{3} = $ . . . . $0^m266407$.

Le volume de l'enveloppe conique égale :

$0^m904781 - 0^m266407 = $ . . . . $0^m638374$.

118. On obtient le volume d'une **enveloppe sphérique** en cherchant la différence des deux sphères concentriques qui la comprennent.

Exemple. — Trouver le volume de la partie solide d'une sphère creuse dont le diamètre extérieur égale 1 mèt. 20 cent., et le diamètre intérieur 1 mèt.

V de la sphère extérieure égale :

$$(0,5236) \times (1^m 20 \times 1^m 20 \times 1^m 20) = 0^m 904780;$$

V de la sphère intérieure égale :

$$(0,5236) \times (1^m \times 1^m \times 1^m) \ldots = 0^m 523600;$$

D'où V de l'enveloppe sphérique égale :

$$0^m 904780 - 0^m 523600 \ldots = 0^m 381180.$$

119. On obtient le volume ou contenance d'un **tuyau circulaire et cylindrique** présentant la forme d'un anneau en multipliant la longueur moyenne des deux cercles qui forment la couronne, par la surface de la base du cylindre qui serait coupé par un plan dans la direction d'un rayon de cercle.

La circonférence du cercle extérieur égale $3^m 769920$;

La circonférence du cercle intérieur égale $2^m 513280$;

La surface de la base du cylindre égale $0^m 031416$;

On aura : $\dfrac{3^m 769920 + 2^m 513280}{2} = 3^m 141600$;

D'où volume du tuyau égale :

$$3^m 141600 \times 0^m 031416 = 0^m 098696.$$

120. Pour calculer les longueurs des côtés des polygones réguliers, étant donné le diamètre du cercle circonscrit au polygone, on se servira de la table ci-dessous, dont les données sont basées sur 1 mètre de diamètre.

Le trilatère.	0,8660	L'ennéagone.	0,3420
Le quadrilatère.	0,7071	Le décagone	0,3090
Le pentagone.	0,5878	L'ondécagone.	0,2826
L'hexagone.	0,5000	Le dodécagone.	0,2588
L'heptagone (par excès)	0.4332	Le pentédécagone.	0,2079
L'octogone.	0,3827	L'icosigone.	0,1564

Exemple. — Pour trouver le côté d'un pentagone régulier construit dans un cercle de 4 mèt. de diamètre, on aura :

$$0,5878 \times 4 = 2^m 3512.$$

Quel est le côté d'un octogone régulier construit dans un cercle de 0 mèt. 90 cent. de diamètre ? On aura :

$$0,3827 \times 0^m 90 = 0^m 3444.$$

D'où il résulte que, pour avoir le côté d'un polygone régulier, lorsqu'on connaît le diamètre du cercle dans lequel le polygone est construit, il faut multiplier le nombre de la table par le diamètre du cercle qui limite le polygone.

121. On obtient le diamètre du cercle dans lequel est construit un polygone régulier, en divisant la longueur du côté du polygone par le rapport de la table.

Exemple. — Quel est le diamètre d'un cercle circonscrit à un pentagone régulier dont le côté égale 2 mèt. 3512 ? On aura :

$$\frac{2^m 3512}{0,5878} = 4^m.$$

FIGURES EN NATURE

DES PLANCHES

DU COURS ÉLÉMENTAIRE ET DU COURS INTERMÉDIAIRE

POUR

la démonstration des surfaces et des volumes des corps et solides

CORRESPONDANT AVEC LE TEXTE ET DESSINS RAISONNÉS

SYSTÈME DÉPOSÉ

Exécutés par **E^{ne} VALADE**, Conducteur de travaux publics à Bordeaux

Rue Cruchinet, 9

Ces figures ou modèles sont en bois durs, tels que : acajou, cèdre, teck, etc.; d'une précision irréprochable et de dimensions qui permettent d'en donner l'explication à distance aux élèves d'une classe entière. Leur volume est d'environ 1 décimètre cube, soit, en mesure de capacité, 90 à 100 centilitres.

SOLIDES DE LA PLANCHE N° 2

(COURS ÉLÉMENTAIRE).

			PRIX
N° 1.	Hexaèdre régulier ou cube.	F.	1 50
2.	Parallélipipède régulier		1 50
3.	Prisme triangulaire, à bases triangles rectangles. . . ⎫		
4.	Prisme triangulaire, à bases triangles équilatéraux.. ⎪		
5.	Prisme droit, à bases pentagones réguliers . . ⎬ l'un, au choix. .		2 »
6.	Prisme droit, à bases hexagones réguliers . . ⎪		
7.	Prisme droit, à bases octogones réguliers. . . ⎭		
8.	Cylindre droit, à bases circulaires.		2 »
9.	Cône droit, à base circulaire.		2 50
10.	Pyramide droite, à base pentagone. . . . . ⎫		
11.	Pyramide droite, à base hexagone. . . . . ⎬ l'une, au choix..		2 50
12.	Pyramide droite, à base octogone. . . . . ⎭		
13.	Sphère, sans décomposition		1 »

SOLIDES DES PLANCHES N°s 3 ET 4

(COURS ÉLÉMENTAIRE).

N° 1. Hexaèdre régulier ou cube, décomposé de quatre manières différentes, comme suit :		
1° En deux prismes triangulaires.		2 »
2° En six tranches égales.		1 50
3° En trois pyramides d'angles		3 »
4° En six pyramides dont le sommet est au centre		3 »
2. Parallélipipède décomposé en deux prismes triangulaires.		2 50
3. Prisme triangulaire décomposé en trois pyramides équivalentes		3 25
4. Prisme droit hexagonal tronqué.		2 50
5. Cylindre droit, base circulaire, tronqué.		2 25

6. Cylindre oblique, bases circulaires et parallèles. . . . . F. 2 50
6bis Cylindre présentant l'intérieur du tonneau. . . . . 3 »
7. Les cinq sections coniques en trois solides décomposés :
    1° Cône droit, base circulaire, tronqué à section
      parallèle à la base, et section parabolique. . .
    2° Cône droit, base circulaire, tronqué à section
      anti-parallèle à la base, et section hyperbo- ensemble . . . . 12 »
      lique. . . . .
    3° Cône droit, base circulaire, à section perpendi-
      culaire à la base, passant par le sommet . . .
8. Cône oblique, base circulaire . . . . 3 »
9. Cône oblique, base circul^re, tronqué à sect^on parall^e à la base (décomposé) 3 50
10. Cône oblique, base circ^re, tronqué à sect^on anti-parall^e à la base (décomposé) 3 50
11. Pyramide d'angle, base quadrangulaire. 2 50
12. Pyramide droite obélisque, base quadrangulaire. 2 50
13. Pyramide droite, base octog^ue, tronq. à sect^on parall^e à la base (décomposée) 3 25
14. Pyramide droite, base octog^ne, tronq. à sect^on anti-parall^e à la base (décomp.) 3 25
15. Pyramide oblique, base polygone régulier, pentagone ou hexagone 2 75
16. Pyramide oblique, base polygone régulier octogone, tronquée à section
    parallèle à la base (décomposée) 3 50
17. Pyramide oblique, base polygone régulier octogone, tronquée à section
    anti-parallèle à la base (décomposée) 3 50
18. Tétraèdre régulier sphérique 2 75
19. Octaèdre régulier sphérique. 3 50
20. Dodécaèdre régulier sphérique. 4 50
21. Icosaèdre régulier sphérique. 5 50
22. Pyramides de décomposition des solides . . . . l'une 1 »
23. Sphère décomposée pour l'évaluation, comme suit :
    1° Les parties principales de sa surface, comprenant la zone, la calotte
    et le fuseau sphérique ; — 2° les principales parties de son volume,
    comprenant le segment à deux bases, le segment extrême, le coin
    ou onglet sphérique et le secteur . . . . 10 »

SOLIDES DES PLANCHES Nᵒˢ 5, 6 ET 7

(COURS INTERMÉDIAIRE).

Nᵒ 1. Cylindre droit, bases elliptiques. 2 25
  2. Cylindre droit, bases ovoïdes 2 25
  3. Cône droit, base elliptique 2 75
  4. Cône droit, base ovoïde. 2 75
  5. Cône oblique sur le grand axe, base elliptique. . . . . 3 »
  6. Cône oblique sur le petit axe, base, elliptique. . . . . 3 »
  7. Cône oblique sur le grand axe, base ovoïde . . . . 3 »
  8. Cône oblique sur le petit axe, base ovoïde. . . . . 3 »
  9. Cône oblique sur l'axe moyen opposé au petit axe, base ovoïde . . . . . 5 »
  10. Pyramide droite, base octogone, circonscrite dans une ellipse . . . . . 5 »
  11. Pyramide droite, base heptagone, circonscrite dans un ove. . . . . . . 5 »
  12. Pyramide droite, base octogone, circonscrite dans un ove. . . . . 5 »
  13. Pyramide oblique, base octogone, circonscrite dans une ellipse. 3 25
  14. Pyramide oblique, base octogone, circonscrite dans un ove. 3 25
    Nota. — Les douze derniers articles de cette série peuvent être à
    sections décomposées sur commande, moyennant un supplément de
    1 fr. pour chaque section.

SOLIDES COMPLIQUÉS.

Les solides suivants sont d'une grande difficulté d'exécution, soit dans leur dessin, soit dans leur confection en nature, surtout pour obtenir la régularité des faces des polyèdres irréguliers symétriques et l'exacte combinaison de leurs pyramides de décomposition. — *Ces solides sont les seuls de ce genre construits jusqu'à ce jour pour l'enseignement pratique.*

No 15. Dodécaèdre ellipsoïde, le volume principal, F. 5 » }
— Deux pyramides de décomposition. . 2 » } . . . . F. 7 »
16. Dodécaèdre ovoïde, le volume principal . . . 5 » }
— Trois figures de décomposition . . . 5 » } . . . . 8 »
17. Icosaèdre ellipsoïde, le volume principal. . . 5 50 }
— Deux pyramides de décomposition. . 2 » } 7 50
18. Icosaèdre ovoïde, le volume principal . . . . 6 » }
— Trois pyramides de décomposition. . 3 » } . . . . 9 »
19. Groupe de quatre solides à bases diverses, se réunissant en un seul sommet, pour la démonstration des surfaces des combles de charpentes et toitures. . . . . 5 »
20. Groupe de quatre solides à bases différentes, ayant chacun son sommet, se reliant ensemble par quatre faîtages supérieurs, servant au même but que l'article précédent. 7 »
21. Pile de pierres cassées, sommet à plate-forme, décomposée en neuf parties pour démontrer l'équivalence du volume principal. . . . . . 4 »
21bis Pile de pierres cassées, se terminant au sommet par un faîtage et représentant une charpente à quatre pentes . . . . 2 »
22. Pyramide droite, base pentagone étoilé . . . .)
23. Pyramide droite, base hexagone étoilé . . . .)   Les prix
24. Pyramide droite, cannelée sur la surface latérale .) de ces modèles
25. Dodécaèdre sphérique étoilé . . . .) se traitent
26. Icosaèdre sphérique étoilé. . . . .) de gré à gré.

Toutes les lignes nécessaires pour l'étude des solides seront reproduites sur les bases et les faces latérales des figures en nature, pour en faciliter la démonstration.

Figures imaginaires sur dessins et commandes. — Reproduction en nature de tout ce qui a rapport à la construction.

RÉPARATION DES SOLIDES EN CAS DE FRACTURE

CARTE DE CONSTRUCTION

Sur papier fort, du format grand-raisin, recommandée aux élèves,

CONTENANT DOUZE PRINCIPAUX SOLIDES, FORMANT VINGT-CINQ PIÉCES DIVERSES

Correspondant avec le texte de notre GÉOMÉTRIE PRATIQUE et indiquant la manière de construire les figures.

Toutes les lignes et chiffres servant de bases d'opération y sont reproduits.

Prix de cette Carte : 0,30 cent.

Réparation et ajustage des planches à dessin, règles, T, etc.

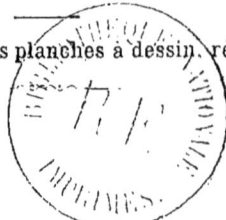

TABLE DES MATIÈRES

PREMIÈRE PARTIE.

ÉLÉMENTS PRINCIPAUX DE GÉOMÉTRIE.

Pages.

CHAPITRE PREMIER. — Définitions 7
  Définition des lignes droites. 8
  Des perpendiculaires 9
  Des parallèles 10
  Des angles 10

CHAPITRE II. — Construction des figures 12

CHAPITRE III. — Des surfaces ; définitions. 16
  Des triangles. 17
  Des quadrilatères 18
  Des polygones réguliers 19
  Des figures curvilignes 19
  De l'échelle de proportion. 20
  Tableau des signes et abréviations du chapitre IV (surfaces planes) 20

CHAPITRE IV. — Évaluation des surfaces. 21
  Surfaces planes 21
  Surfaces circulaires 22

CHAPITRE V. — Solides ; définitions. 25
  Des polyèdres. 25
  Des corps ronds 27
  Volume des solides. 29

CHAPITRE VI. — Moyens pour tracer le dessin des solides, leurs bases et
  leurs développements 29

CHAPITRE VII. — Construction en papier des principaux solides pour servir
  a leur démonstration. 39
  Construction des polyèdres. 41
  Table des polygones réguliers pour l'évaluation abrégée de leurs surfaces. 44

DEUXIÈME PARTIE.

ÉVALUATION DES SURFACES ET DES VOLUMES DES SOLIDES.

Signes et abréviations (surfaces et volumes des solides) 45

Surface des solides (solides de la planche 2) 46

Volume des solides ou contenance des corps (solides de la planche 2) 47

Calcul abrégé du volume de la sphère 49

Surface des solides (solides des planches 3 et 4) 50

Les cinq sections coniques (surfaces) (nos 30, 31, 52, 54 et 55) 50

Sphère, principales parties de sa surface. 54

Volume des solides (solides des planches 3 et 4). 51

Les cinq sections coniques (volumes) (nos 56, 57, 58, 60, 61) 55

Sphère, les principales parties de son volume 60

Surface des solides (solides des planches 5, 6 et 7). 61

Volume des solides (solides des planches 5, 6 et 7). 67

Volume des enveloppes des solides. 75

Table des polygones réguliers pour l'évaluation de leurs côtés. 74

PRIX-COURANT des solides en nature et de la Carte de construction 76

Bordeaux, imp. de J. DELMAS, rue Ste-Catherine, 130.

www.ingramcontent.com/pod-product-compliance
Lightning Source LLC
Chambersburg PA
CBHW071246200326
41521CB00009B/1645